U0178566

"十三五"国家重点图书

# 中国少数民族服饰文化与传统技艺

# 羌族

范　欣　钟茂兰　刘元忠◎著

国家一级出版社
全国百佳图书出版单位
中国纺织出版社有限公司
·北京·

LEICA

## 内 容 提 要

少数民族服饰、技艺是中华民族传统文化中保存得较为完整的文化之一，而羌族服饰与刺绣是其中杰出的代表。经过四五千年的历史传承，其厚重的文化内涵和民族特色，为周边多民族的融合和传承带来了深远的影响。“温故而知新”，羌族服饰文化与传统技艺需要我们更好地传承与保护。本书就羌族的历史沿革、文化特点、民族服饰与传统技艺进行了介绍，重点关注非物质文化遗产的“活态性保护”，强调了与现代设计的结合和运用，为广大民间美术专业人士、爱好者提供了寻找少数民族艺术中的“中国元素”、寻找民间工艺美术的“兴奋点”和“关键点”的途径，使其在现代设计创新中“活起来”。创新是民间工艺美术走向市场的关键，创新能让羌族服饰文化与传统技艺发挥出独有的文化价值和历史意义。

本书适合服装专业院校师生、相关从业人员以及对少数民族服饰文化感兴趣的读者阅读、收藏。

**图书在版编目（CIP）数据**

中国少数民族服饰文化与传统技艺．羌族 / 范欣，钟茂兰，刘元忠著．-- 北京：中国纺织出版社有限公司，2022.4

“十三五”国家重点图书

ISBN 978-7-5180-9421-9

Ⅰ．①中… Ⅱ．①范… ②钟… ③刘… Ⅲ．①羌族—民族服饰—文化研究—中国 Ⅳ．① TS941.742.8

中国版本图书馆 CIP 数据核字（2022）第 042120 号

策划编辑：郭慧娟　李炳华　　责任编辑：李春奕　孙成成
责任校对：王花妮　　责任印制：王艳丽

中国纺织出版社有限公司出版发行
地址：北京市朝阳区百子湾东里 A407 号楼　邮政编码：100124
销售电话：010—67004422　传真：010—87155801
http://www.c-textilep.com
中国纺织出版社天猫旗舰店
官方微博 http://weibo.com/2119887771
北京华联印刷有限公司印刷　各地新华书店经销
2022 年 4 月第 1 版第 1 次印刷
开本：889 × 1194　1/16　印张：16.5
字数：295 千字　定价：298.00 元　印数：1—1500 册

# 序

“羌笛何须怨杨柳，春风不度玉门关。”盛唐著名诗人王之涣在一千多年前写出的诗句让人浮想联翩。大西北的玉门关外，春风不度，杨柳不青，是一片苍茫、辽阔的大地。这里虽然自然条件恶劣，但几千年来一直是古羌人休养生息、驰骋迁徙之地。他们在这里历经沧桑，创造了伟大的牧业文明，堪称世界奇迹。著名人类学家、社会学家费孝通先生称古羌人是“一个向外输血的民族”。他们是华夏民族的重要组成部分。相传，周朝的始祖母姜嫄是羌族人，在《诗经·大雅·生民》中即有记载。在长期迁徙的漫长历程中，古羌人又与其他各地的土著民族相融合，相继衍生出汉藏语系藏缅语族的14个民族——藏族、彝族、白族、纳西族、傈僳族、拉祜族、哈尼族、普米族、景颇族、阿昌族、基诺族、怒族、独龙族、土家族。在这些民族的文化传统中，不同程度地保留着古羌人的文化特征和痕迹。例如，对牛羊的崇拜，对火、太阳和白石的崇拜，对高山杜鹃的崇拜等，并以这些对象作为图腾。

羌族是一个历史悠久的民族，为中华文明史做出了杰出的贡献。他们虽然没有文字，但其服饰与刺绣饱含了大量的文化历史符号，记载了这个民族成长、发展、迁徙的艰难岁月和历程，成为羌民族历史的载体。因此，羌族被称为“将历史穿在身上”的民族。故羌族服饰和刺绣具有特殊而重要的意义。千百年来，流传在羌族民间的“四羊护花”纹样、“羊角花”纹样等图案正是羊图腾崇拜的反映;万字纹、日月纹正是羌族人对太阳崇拜的显示；云云鞋、火镰纹正是羌族人对火崇拜的体现。这些纹样具有深厚的文化内涵，而在相关的14个民族中均可寻找到类似的纹样符号或痕迹，因为这正是这些民族历史的记忆与乡愁，历经千百年深深地烙印在民族血液中的文化基因！

在这二十余年中多次去汶（川）理（县）茂（县）地区的田野调查中，我们还发现了一些神秘的不知其真实内涵的纹样，值得进一步去探索和研究。例如，在被称为“保留着丰富的羌族原始文化和最有民族服饰特色”的茂县北部赤不苏镇，这里的羌族男子每人都有一件贴身穿着的白色麻布长衫，其后背右上方靠肩胛处的长衫上织有彩色花纹，是由三角形、S纹、十字纹、平行线纹等组成的二方连续图案。据当地羌族男子称：这是妻子为其做衣服时用黑、红、黄、绿等彩线织成的，以保护丈夫一生平安。这些纹样颇与青海大通县孙家寨以及甘肃临洮县辛店发掘出的西周古墓中陶瓷的纹样相似，这是否意味着羌族人还保留着3000年前的文化记忆呢?

笔者曾六七次到羌族地区去考察、调研。最让人撕心裂肺的是“5·12”汶川大地震后的一次调查，一大批羌族同胞遇难，羌族的历史文化和非物质文化遗产也遭受到严重的破坏。我们走进羌寨，满目疮痍，尤其是到大地震的震源——映秀镇牛圈沟时，见到铺天盖地的雨燕在天空盘旋，犹如正在悼念那些无辜遇难的羌族同胞一样，让我们不禁潸然泪下!

我们深感自己的责任重大! 由于羌族历史上没有文字，羌族的文化传承相对薄弱，传统文化面临着逐渐消失的困境。当前，对国家级非物质文化遗产——羌族服饰和羌族刺绣的抢救、保护和传承更是迫在眉睫，我们毫不犹豫地担当起了这份重任。这也是笔者编著本书的初衷。

当前，不仅仅是羌族儿女，还要让更多的人了解、认识承载着羌族厚重历史文化的羌族服饰和羌族刺绣，并且让它世世代代传承下去。借鉴其文化特色和元素，结合现代审美需求和生活方式，设计出更多、更好的服饰和工艺品，使中华传统文化发扬光大，进而创作出更多具有中国特色、中国意蕴的艺术品。

钟茂兰

四川美术学院教授

2021年11月7日

# 目 录

CONTENTS

# 第一章
## 羌族——一个古老而伟大的民族

岷江上游的羌族是由大西北迁徙而来的古羌人后裔，这个古老而伟大的民族所历经的沧桑在世界上是少有的。著名人类学家、社会学家费孝通先生称古羌人是“一个向外输血的民族”。古羌人是华夏民族的重要组成部分，并与其他土著居民融合，衍生出汉藏语系藏缅语族的14个民族——藏族、彝族、白族、纳西族、傈僳族、拉祜族、哈尼族、普米族、景颇族、阿昌族、基诺族、怒族、独龙族、土家族。羌族为中华文明史做出了杰出的贡献，并永远成为中华民族的骄傲。他们的服饰和刺绣记载了其艰苦历程，对于一个没有文字的民族而言，服饰和刺绣饱含着大量的文化历史信息，记载着这个民族成长、发展、迁徙的艰难岁月和历程，成为其民族历史的载体。因此，羌族被称为“将历史穿在身上”的民族，其服饰和刺绣具有特殊的意义。

## 第一节　羌族的历史沿革概述

徐中舒先生在为冉光荣先生等编著的《羌族史》序言中指出：“羌族是古代西戎牧羊人，分布在中国西部各地，他们原来就是一个农牧兼营的部落。”

东汉许慎《说文·羊部》释：“羌，西戎牧羊人也。从人，从羊；羊亦声。”《风俗通》亦称：“羌，本西戎卑贱者也，主牧羊。故‘羌’字从羊、人，因以为号。”可见，历史文献中把“羌”作为西部从事畜牧业并以养羊为特色的民族。

史籍记载：“姜”为羌人的一种。实际上“羌”和“姜”本是一字，“羌”从人，作为族之名；“姜”从女，作为羌人女子之姓。“羌”的结构为“羊首人身”，“姜”则为“羊首女身”，两者都与羊有关。从字面上可反映出远古时期游牧经济的特点，并可以理解为以羊为图腾的部落象征。

上古时期的水利事业是原始农业的开端，传说中的我国农业的始祖就是姜姓的“神农氏”。“神农氏”即传说中的炎帝，属姜姓羌人。《国语·晋语》说：“昔少典娶于有蟜氏，生黄帝、炎帝。黄帝以姬水成，炎帝以姜水成，成而异德，故黄帝为姬，炎帝为姜。”

《太平御览》中记载："神农氏姜姓……人身牛首，长于姜水，以火德王，故谓之炎帝。"这表明，炎帝出自姜姓羌人，并且被奉为"火神"。尊炎帝为太阳，以形容炎帝的伟大，给万物生灵带来生机。

姜水流域应是姜姓部落的最初活动范围。历史所记载的炎帝发祥地即在今陕西省的渭河中游一带。今留存的羌炎文化遗址——陕西省西安市半坡村的母系氏族社会大村落即是证明。

由于农业生产的出现，形成了相对定居的生活，游牧活动随之减少，于是羌人开始了陶器制作，并创造了药物、纺织、音乐等物质文明和精神文明。《太平御览》引《周之佚文》称："神农耕而作陶。"甘肃一带出土的新石器时代的彩陶器，正是古羌人繁衍生息之地的佐证。如今在四川茂县、汶川、理县先后出土了大量的新石器时代以及周秦时期的文物，其中双耳罐彩陶与甘肃、青海一带出土的彩陶，在造型、纹饰方面极为相似（图1-1）。

在羌族地区还盛传夏禹王治水的故事，从古籍中也可见大禹与羌有着密切的联系。《史记・六国年表》载："禹兴于西羌。"谯周《蜀本纪》说："禹本汶山广柔县人也，生于石纽。"种种史籍表明大禹是生于石纽的羌人，而石纽即汉代汶山郡广柔县之石纽，辖今天羌族聚居区汶川、理县和茂县等广大区域。今羌族聚居的汶川、理县、北川县等地皆有禹迹及记载（图1-2）。学术界大多学者认为：禹生于羌区，羌民是大禹的后代子孙。徐中舒先生认为："夏王朝的主要部族是羌，根据由汉至晋五百年间长期流传的羌族传说，没有理由再说夏不是羌。"

古羌人主要活动在西北广大地区，后迁徙到中原地区的羌人逐渐被其他民族所融合。今甘肃、青海的黄河、湟水、洮河、大通河和四川岷江上游一带是古羌人的活动聚居地。殷商时期有羌族首领担任朝中官职，武丁时期就有羌可、羌立作商王朝的祭祀官。这些均表明羌人在当时的历史舞台上十分活跃。

我国最早的文字殷墟甲骨文上就多处有"羌"字出现，最早的诗歌总集《诗经》也有"昔有成汤，自彼氐羌，莫敢不来享，莫敢不来王"的记载。

有关史籍记载以及考古发现，早在公元前4世纪末叶，在岷江上游两岸已有氐、羌人的存在。秦灭巴、蜀时已有羌人自西北迁来，从此他们在这一带设置湔氐道。秦末汉初，氐羌在这里开垦土地、经营农业，从游牧转向定居，并出现了

图1-1　茂县营盘山出土的彩陶，在造型、纹饰方面与甘肃马家窑彩陶极为相似

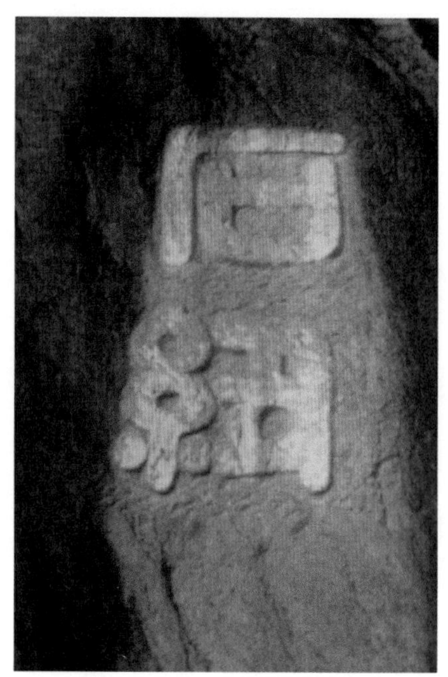

图1-2　据传为汉代书写的“石纽”二字

冉与駹（駹）两个部落或部落联盟。除此之外，还有白马羌、牦牛羌、白狗羌、邓至羌、党项羌等。

隋唐时期的白狗羌现在仍然活跃在维州，当地尚有白狗岭之名。羌族民间传唱的史诗《羌戈大战》多次唱道“阿巴白构（狗）是大号，率众奔向补尕山；阿巴白构（狗）率羌人，进住格溜（在茂县境内）建家园”。至今，在羌族地区路边、宅旁常可看到石头上刻有图腾（猛犬）之头，用以避邪（图1–3）。今汶川萝卜寨等地羌人祭祀“吞口”之风俗，传说为白狗羌之后的遗俗。

邓至羌、党项羌的势力曾一度到达岷江上游，他们的部落有的自然留居于此，成为现今羌族的来源之一。据说茂县黑虎寨羌人为唐代党项羌的细封氏部落，后因吐蕃所逼而南迁至松潘、茂县一带（图1–4）。在各个时期因不同原因进入这一地区的吐谷浑人、吐蕃人甚至汉人不少也被融合于羌人之中。经过几千年的演变，至近代羌民族主要聚居地集中在四川的茂县、汶川、理县、北川、松潘、黑水、平武等地及贵州铜仁地区。

图1-3 立于寨内屋旁的石碑上常有猛犬头像

图1-4 茂县黑虎寨的羌族妇女

# 第二节 古羌人与华夏民族的关系

古羌人与华夏民族有着密切的关系，一部分古羌人归附于中原，融合于华夏民族当中。

据《羌族史》称：周王室为了加强对东南地区的控制，把若干姜姓国，如申、吕、许等正式分封到河南许昌、南阳一带，其他还有姜姓大国齐，早在西周初年就封于山东（姜姓即为“羌人的一支”）。西周以来，羌人更有条件接受中原文化，有的部落较之甘肃、青海地区从事畜牧业乃至狩猎的羌人进了一步，但发展水平又不及姜姓的程度高，与周的政治关系也远不如与姜姓那样密切，姜氏之戎可以说就是这种介乎于姜与羌之间的类型。

汉武帝时期为了加强中央集权，采取了隔绝匈奴与羌人的措施，并设护羌校尉等重要官职，以管理羌人事务。同时将归附的羌人大量内迁，使羌人从地域上有东羌与西羌之分。进入中原的东羌与汉族交错而居，并从事农业生产，私有制也有一定发展，因此，在汉代东羌就基本上与汉族相互融合。而未进入中原的西羌人大部分散居于今甘肃、青海及黄河、湟水地区，其余则聚集在新疆塔里木南沿的诺羌等部落，雅鲁藏布江流域的发羌、唐牦等部落，西南地区的牦牛羌、白马羌、参狼羌、青衣羌和冉駹羌等部落。

## 第三节　羌族与汉藏语系藏缅语族的少数民族关系密切

正如费孝通先生所说，羌族是“向外输血的民族”，汉人因“接纳”（他族）为主而日益强大，羌人却以“供应”为主而壮大别的民族，因而今日许多包括汉、藏之民族都曾得到羌人血液（费孝通《中华民族的多元一体格局》）。早在3000多年前的殷代甲骨文中，就有大量古羌人活动的记载，之后羌人从西北向四周迁徙，各个分支逐渐发展演变为现今的藏缅语族中的14个民族，他们在历史上都与羌族有着密切的关系。

藏族最初为古代羌人的一支，与西藏高原土著居民融合，成为唐代的吐蕃，因此，《新唐书》称：“吐蕃本西羌属。”吐蕃后又融合了多支羌人部落，在松赞干布的统率下，逐渐统一了西藏诸部，建立了吐蕃王朝。接着吐蕃将势力扩展到四川西北部。吐蕃本是由西藏土著人与古羌人融合而形成的，当其统治川西北以后，便与当地诸羌部落逐渐融合，发展演变为今日的藏族。因此，藏族与羌族的信仰有很多相似之处，如崇拜白石、崇拜火、崇尚白色等，并多着白色服饰（图1-5）。

彝族的来源也与古羌人有关。四川南部的越雟（巂）羌与云南西部的昆明人都是彝族的先民部落。《后汉书·西羌传》称：越雟羌是战国时期南下的羌人。彝族的先民在魏晋时称为“叟人”，隋唐时称为“乌蛮”，元代以后一直称为“罗罗”。彝族先民迁居西南后，主要聚居在今川、滇、黔交界一带。汉朝时，这一带还聚居着濮人部落，在今西昌一带还有一个被称为“邛”的濮人部落。彝族先民向西南迁移后逐渐融合了当地的濮人部落及其他一些民族，并不断发展演变为现今的彝族。因此，彝族与羌族在信仰上有类似之处，如崇拜火，崇尚火葬。彝族服饰上常绣有火镰纹（图1–6）或火的图案（图1–7）。

白族是从古羌人中分化出来的。白族在汉以前称为“僰”，《史记·司马相如传·集解》引徐广说：“僰，羌人之别种也。”在汉代往往羌僰并称。此时，僰人分布很广，由今四川宜宾一带（僰道县）往南，经昭通、曲靖地区而达滇池周围。今滇西大理和保山地区一带僰人也曾居住过。

隋唐时滇东、滇中一带的僰人后裔称“白蛮”。到唐代，南诏国又以武力将大量的白蛮迁徙到滇西大理一带，成为“白蛮”的主要聚居区。隋唐的“白蛮”即今白族的先民。元李京《云南志略》称：“白人，有姓氏。汉武帝开僰道，通西南夷，今叙州属县是也。故中庆、威楚、大理、永昌皆僰人，今转为白人矣。”白族崇尚白色，穿白色服装，包蓝色和白色头帕，讲究“一青二白”（图1–8）。

图1–5 藏族以白色服饰为美

图1–6 彝族妇女服饰、银饰多饰有火镰纹

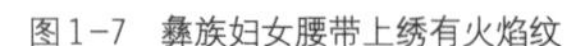

图1-7　彝族妇女腰带上绣有火焰纹

图1-8　白族妇女服饰以白为主

纳西族也出自古代羌人。“他们的族源至少也应上溯到汉代的牦牛种越巂羌和牦牛徼外的白狼羌部”。也有学者认为：纳西的先民与八国中的髳国有关。“髳，当为牦牛群”。其与羌关系密切。纳西先民在晋代称为“摩沙夷”，唐代称为“麽（么）些”。他们一直居住在川滇边金沙江两岸，其服饰与羌人有不少相似之处，如男子穿麻布衣，多着光板羊皮背心（领褂）（图1-9），妇女披“七星羊皮披背”（图1-10）。

傈僳族也是从古羌人中分化出来的并以狩猎为生的民族，在唐代是乌蛮的一部分，居住在雅砻江和金沙江两岸广大区域，当时称为“栗粟”或“栗蛮”，族源与彝族、纳西族有密切关系。其中白傈僳崇尚白色，妇女着白色上衣、白麻布裙（图1-11）。

拉祜族居住在滇南的思茅、临沧两地区。拉祜的先民曾由青藏高原不断南迁。汉晋时期他们与另一些羌人支系的民族泛称为“昆明”和“昆”。传说大约在10世纪时，拉祜的先民离开大理政权的统治，由西洱河一带分东西两路南迁。东路沿哀牢山西侧和无量山东侧南下；西路经弥渡、巍山过澜沧江到达临沧。拉祜族称部族首领为“苴摩”，后也泛称“土司”，这与彝族的称呼完全相同。此外，相同的还有拉祜族与彝族都崇尚黑色，但妇女至今仍保持着远古先民在北方游牧时期着长袍长衫的特点（图1-12）。

图1-9　纳西族男子外着羊皮背心

图1-10　纳西族妇女着七星羊皮披背

图1-11　傈僳族妇女服饰

图1-12　拉祜族妇女着长衫服饰

哈尼族早在公元前3世纪战国时期就被称为“和夷”。据研究“和夷”即远古时期我国西部古羌人南迁的一支，分布在大渡河南岸及安宁河流域。唐代哈尼族与彝族同样被称为“乌蛮”。哈尼族传说：其先民原在北方一条江边过着游牧的生活，后南迁至云南南部。哈尼族一直保持着要将死者魂灵送往北方的丧葬习俗，送葬歌手头戴“吴芭帽”（图1-13），上面记载了哈尼族南迁的艰苦历程。至今，哈尼族与彝族杂居，互相通婚。在习俗方面也保留了古羌人的特点，如父子联名制、火葬等。

普米族源于古羌族群，其语言属汉藏语系藏缅语族羌语支，其先民原居于青藏高原，是青、甘、川一带的游牧民族。公元8世纪陆续迁入滇西北定居。其着装以白色为主，妇女穿白色长裙，男子着白色毪衫（图1-14）。

景颇族源于古代的氐羌族群，根据民间传说：其先民在西北青藏高原一带，后沿横断山脉南下，在唐代时便居住于云南德宏州以北、怒江以西地区。每年一度的“目脑”盛会，乃祭典祖先的大会，会场上立有庄严的“目脑柱”，上面绘有祖先向南迁徙的路线图。景颇族妇女以善织景颇锦而闻名（图1-15）。

阿昌族语言与景颇族某些地区的方言很接近，清代方志上将其称为“阿昌”，

图1-13　哈尼族送葬歌手头戴“吴芭帽”，上面记载了哈尼族南迁历程

图1-14　普米族男子喜穿白色毪衫

图1-15　笔者前往德宏三台山调查景颇族妇女织锦情景

两个民族的传说故事也都认为有着共同的祖先——古羌人。

基诺族先民是先秦以前从北面南迁至金沙江流域的氐羌的一部分，时至今日，该族在宗教祭祀时还都面向北方。男子多着白色麻布衣，崇拜太阳，每年新谷登场和喜庆丰收时要过“特牟切节”，并跳太阳鼓舞（图1-16）。

怒族自称“怒苏”，与彝族的自称“诺苏”很接近。其语言与彝族以及贡山的独龙族语均有密切关系。直到唐代，人们还将怒族的先民视为彝族的一部分，并有父子联名制。怒族多着白色麻衣，并善纺麻织布（图1-17）。

独龙族也是古代南下的一支羌人后裔，是自称为“龙”的一个古老群体，可能源于怒江北部贡山一带。

土家族的来源也有古羌人的成分。潘光旦先生在《湘西土家与古代巴人》中称：土家来源于古代巴人中的一支廪君，廪君人有东西二源。东源来自濮人中的蜑人；西源出自陇南一带的氐羌。古代羌人的一支南下到今贵州后，再由贵州迁入今湖南境内，因此，土家文化中也有氐羌系统的成分。土家族崇尚白色，以白虎为图腾，民间流行敬白虎、祀白虎的习俗。

图1-16 基诺族男女跳太阳鼓舞

图1-17 怒族妇女随时随地纺麻线

# 第二章 羌族文化及其在服饰刺绣上的表现

说到羌族的文化内涵，就不得不谈及羌人的自然崇拜观，二者紧密相连。古羌人对于自然图腾崇拜的观念源于他们所生活的环境条件。在远古时代，古羌人“逐水草而居，以游牧为业”“依山居止，垒石为室”，大山、草地、羊群因为和其生活密不可分，都成为他们所崇拜的对象。其中，羌民族的“神林崇拜”“祭山会”（羌语“苏布士”）便反映了羌人崇尚自然、热爱自然的天人合一的纯美情感。此外，羌族先民还认为“大地成后，地皮上的水又生长出草，生长出树，生长出五谷，生长出飞禽走兽，于是就有了地上的万物”。

古羌人认为，火是神秘的，因为火来自天上（太阳神）；白石是神秘的，因为它相互碰撞或与其他金属碰撞会冒出火花，这种五彩斑斓的火花是上天的恩赐，而白石就是藏火的神秘物体。因此，在羌族文化中，太阳崇拜、火崇拜、白石崇拜三者互有关联，相依相存。羌人认为，地上的火来自天上的太阳，火是太阳的魂、血和生命，火的熄灭可能是太阳的死亡，而火也在地上，白石中有火。

羌族宗教的这种自然崇拜观把他们对白石的崇拜与火、与天穹（羌人认为天穹是火存在的地方）、与太阳、与人类生存意识都相联系在一起。

## 第一节　崇敬羊的特征

古羌人以羊为图腾，有崇拜羊的习俗。羊成为羌人生活中的财富和必不可少的交易品及物质经济来源。汉学家考证，“羌”字其实就是“羊”字的一个变形。羌人姜姓部落是古羌人中从事农业生产的一支，居黄土河谷之地，较黄帝部落生活在更以西的地区。

关于羌族和羊密切的关系有这样一个传说：相传，羌族祖先在迁徙途中，有一个首领因连续征战，疲惫不堪，放在铠甲里的羌族经书（竹简）一不小心掉落在地上，被一只饿羊吃了。吃了经书的羊托梦给羌族首领：“我死后，把我做成一个羊皮鼓，敲三下，经书就会出来。”从此以后，如果村寨的羌人死了，村寨就要杀一头羊，为死者引路，俗称为“引路羊”（图2–1）。羌人认为，只要不是遭遇不幸，杀羊后，死者的病都可以在羊身上反映出来，并找到病因，把羊血洒在死者手上，意为死者“骑羊归西”。在一些羌族地区，还有用羊骨和羊毛线作占卜预测吉凶的习俗。

据考证，很早以前羌人就生活在甘肃、青海一带的草原上。任乃强先生在其著作中称：“羌民族很早便形成了。他们最先驯养野牛为牦，野羊成为藏羊……羌族在上古年代，已具有远远优越于亚欧其他民族的文化……”由于羊性情温顺，易于驯服，肉食鲜美，皮毛又是御寒的最佳物品，具有多种实用价值，因此，羌族先民们很早就开始驯化和饲养羊，从羊身上获取生活的必需品，并从中获得与大自然斗争的力量（图2-2）。当时的羌人认为：羊除了能提供日常生活的需要外，还具有灵魂，能保护自己部族的成员。因此，在众多的自然物中，羌族先民选出了与自己生存最密切、最亲近、最重要且对自己的生活影响最大的羊，将它放置在特殊的位置上，并采用专门的仪式祭祀，以表崇敬，期望得到它的庇护和保佑，由此产生了羊崇拜和羊图腾。

“以羊祭山”是羌人保持了很久的习俗，也是重大的典礼活动。羌民所供奉的神全是“羊身人面”，他们视羊为祖先。现在的羌族地区，仍然存在许多认为与羊有血缘关系的崇拜。

羌人的一生均离不开羊：丧葬习俗中要宰羊为死者引路；祭祀活动中常用羊作祭品；在日常生活中，羌人喜欢穿羊皮褂、用羊毛纺线、制作服饰，而且他们的服

图2-1　羌族葬礼时“杀羊以开路”（彝族也有此习俗）

图2-2　牧羊的羌人

图2-3　羌族童帽上镶以羊毛，以求庇护和保护

饰、刺绣均离不开对羊崇拜这个主题。小孩头戴的花帽用羊毛镶饰，希望得到羊的庇护和保佑（图2-3）。长到十一二岁举行成年礼时，需由羌族巫师（释比）将白色羊毛线套于祝福者的颈上，打上花结，以求羊神的保护。每位羌人均有一件“羊皮褂褂”（也称羊皮褂）（图2-4）。新娘出嫁时也在红色嫁衣上套穿这件宝贵的背心。在背心上镶羊毛皮成为现代羌女的风尚。此外，羌族刺绣图案中最突出的纹样是“四羊护花”和“羊角花”。“四羊护花”中的羊头图案即双角盘曲旋卷、有一对大眼睛的绵羊头像（图2-5）。在围腰和头帕中，羊成为主题纹样。

图2-4　羊皮褂褂

## 第二节　崇拜白石的特征

羌人崇拜白石，家家户户供奉白石以代表神灵（图2-6）。一般每家在屋子的屋脊或围墙上立五块白石（乳白色的石英石）以代表羌族最崇拜的五神——天神（英伯呀）、地神（树卜）、山神（拆格西）、山神娘娘（西）、关圣帝君（西窝）。也有说“白石”只代表天神，是诸神中地位最高的一位。有些羌族人家虽未立这五块白石，但祭祀时需以五堆涂有石灰的小砖石代之。在羌人的白石崇拜中，只有在屋脊、围墙上、村寨前或山顶神林中的白石才代表神。

图2-5　“四羊护花”挑花围腰

白石崇拜在羌族民间有多种传说，一说在远古时作为游牧民族的部分羌人在迁往岷江上游时，为了免于迷路，在经过的每个山头或岔道口的最高处都放一块白石作为路标，白石因而成了指路石。另一种传说来自羌族神话《蒙格西送火》中的故事：“在远古的时候，世界十分寒冷。人间的女首领阿勿巴吉和火神蒙格西的孩子叫‘热比娃’，受父母的委托到天上取火，历经磨难终于将神火藏在两块白石里带到人间，两块白石相撞，发出星星火花引燃谷草，燃起了人间第一堆火。”神话中，羌族祖先热比娃将火种藏于白石之中，世上从此有了火，白石成为神的代表。从这个神话中，可以一窥羌人在原始时代取火的情

图2-6　黑虎寨前白石祭祀台

景。至今，偏远地区的羌寨仍然保留着用火镰打击白石取火的方法（图2-7），所以羌族中也流传着一句“松潘的火镰一擦一燃”的谚语。然而，关于白石崇拜最主要的一种传说是在羌族民间广泛流传的英雄史诗《羌戈大战》。史诗讲述了羌人祖先在迁徙到岷江流域时，遇到凶残的戈基人，不能取胜，后在天神的帮助下，于梦中获得神人的启示，并以白石为武器最终战胜了戈基人。因此，羌人为报答这位神人，但又苦于不知其形象，便以白石为代表而世代祭献白石，并尊白石为神灵，称白石为“俄鲁比”（图2-8）。

在《羌戈大战》中所描述的戈基人即氐人，童恩正先生在其著作中称：“他们极大可能是羌人中较早进入岷江上游的一支。”《羌戈大战》中所描述的就是2000多年前从北方来的羌人与戈基人的一场大战。这场大战之惨烈，使2000多年后的羌人说起来还胆战心惊。

传说中描述古羌人的白石崇拜有时在树丛中举行，有时在屋顶上举行，需用三根树枝和一块白石［图2-9（a）］，在举行仪式期间，要祭祀一只羔羊，而且也必须是白色的。而现在居住于四川甘孜丹巴一带的藏族群众也和岷江上游的羌族群众一样，热衷于以白色的石块装饰自己的住所。用作住所装饰的石块为三块、五

图2-7　羌人以火镰取火

块或七块洁白的石英石，并且按照大小顺序依次被平放在屋脊上，有的也被置于大门的门楣或前墙的窗楣上。这些白石，除了具有装饰作用，同时也是人们崇拜的对象。因此，新居落成时，要请祭司主持专门的宗教仪式，置放这些白石，使之由普通的只有装饰作用的白石，演化为神圣的具有一定神性的灵物［图2-9（b）］。这些已经具有神性的白石，除了平时不许随便触摸、乱搬乱动外，有求于它时，还需宰杀专门饲养的牛、羊、猪、鸡等以作供品进行祭祀。说到藏人与白石的关系，广泛流传于当地藏族民间的神话故事是这样说的：很古很古的时候，宇宙混沌，世间万物皆无，唯东方出现一片白海和一块白石，天神纽姆阿布见到以后，便吹了一口神气，

图2-8　羌人背白石回家，置于屋脊祭祀

（a）祭祀的白石

（b）四川甘孜丹巴藏寨的房顶上立有白石

图2-9　祭祀、装饰用的白石

化作一只白鹏，飞往白石上栖息。天长日久，白石便怀孕，生下一只猿猴。之后，这只猿猴又生下了他们的直系祖先。从此，他们世代崇奉白石为神，并且自称为“布尔日—尔苏”，意即“白石之后”或“来自白石的人”。

将白石装饰于住居之顶，并赋予神性加以崇拜，这一古老习俗由来已久。羌族、藏族有关神话故事对此的解释虽然不尽相同，但是我们仍然可以发现，这些神话故事的产生时代均十分久远，羌族、藏族白石崇拜观念的产生及其崇拜习俗的形成，至少可上溯至远古时期。而这个时期，正是图腾崇拜盛行的时候，所以，和羌族的白石崇拜一样，甘孜、阿坝一带藏族传统民居上面所装饰的白色石块，也是图腾崇拜的遗迹。

又如，羌族碉楼上面作为天神阿爸木比塔象征的数块白色石英石，也是一种保存于民居建筑的图腾遗迹，同时，还是由图腾象征物转化为避邪灵物的实际例证（图2-10）。

尽管《羌戈大战》是一个神话传说，但羌族所供奉并使用的白色石英石本身坚硬、锋利。在原始社会，羌人把它作为工具，或取火，或割兽皮、树皮，是社会生产活动中很有用的帮手。难怪羌人把白石作为图腾供奉起来，也说明白石在

图2-10　羌族碉楼上的白石

羌人心目中的地位是与其生活生产密不可分的。羌人崇拜白石实为古羌人石崇拜的遗存，它完整地保存在羌族原始信仰当中。李绍明先生在《巴蜀民族史论集》中写道：“现今羌族的石崇拜应视为古羌文化的延续……被称为以白石为中心的多神崇拜或以白石为表征的诸神信仰，这种以白石作为诸神代表的石崇拜可谓石崇拜的典型形式，在其他民族的自然崇拜中尚不多见。”

由于羌族视白石为神的代表，因此，白色也成为羌人最喜爱的色彩，被广泛应用于服饰中。

## 第三节 崇尚火的特征

羌族人尚火有着悠久的历史，《东汉观记》卷二十二中记载：“西羌祖爰剑，为秦所奴隶而亡（逃亡），藏于穴中，见有景象如虎而为蔽火，得不死，诸羌以为神，推以为豪。”历史文献中说的正是羌人祖先爰剑在逃亡途中受到火神庇佑而被众羌人推为首领的故事，由此反映出羌人因得火庇佑而尚火的原因。羌族人尚火主要体现在羌民族习俗中的火葬和火祭两种形式上。

火葬是原始社会古羌人敬畏和崇尚火的表现和延续，尚火直接反映在古羌人的丧葬上，是羌人实行火葬的原因。自先秦以来，古羌人就以火葬为主要丧葬形式。“氐羌之民，不忧其系累，而忧其死之不焚也……”（《吕氏春秋·义赏篇》），其大意是：对他们来说，生前成为战俘或奴隶并不可怕或值得担忧，而真正令他们担忧害怕的是死后不能够实行火葬。由此可见，羌人对于火葬的崇尚和坚决的态度。闻一多先生说：那是他们担心不火葬，灵魂就不能回到先祖火神图腾的世界里去。至今茂县以北地区仍然保留着火葬的习俗，不少羌族村寨也还保留有旧时的火葬场和“阴屋”（图2-11）。羌人对于火的观念日趋丰富，随之产生了“净火”的观念——认为火有净化功能。以后，祖先崇拜意识也开始融入火葬的观念之中。先民们运用原始的互渗性思维，想象活着的人或者死去的人都可以通过火的神奇魔力与亲人和部落祖先相会。

羌族祭火是羌人尚火的另一种表现。羌族对火甚为崇拜，认为火是一种不可战胜的力量，火给人带来光明与文明。因此，出于民族习俗，释比把它规范成一种祭祀礼仪——火祭，并将其列入羌族的祭祀活动之中。氐羌民族凡敬神祭祀之时，都要以火祭的方式进行。传说中的炎帝是姜姓部落的首领，羌人也把炎帝奉为“火神第一人”，举行“火祭”以示尊崇。羌人自认为是火神之子，祭火神与祭祀祖先是融为一体的。对羌人火祭，史书曾有明文注释。如“炎帝神农氏也，羌姓之祖也，亦有火瑞，以火纪事，名百官……”《太平御览》第87卷《帝王世纪》也说神农氏姜姓，“以火德王，故谓炎帝。”“炎帝为火师，姜姓其后也。”（《左传·哀公九年》）。由此可见，炎帝这一名称的来历是因为其以火为德，尚火的缘故。

羌族释比的火祭方式十分别致。火祭时，依照礼仪要念解秽词、消灾经，请神莅场赐福。祭祀活动中，采用巫术，以表达对炎神的崇敬，并展示释比降魔逐疫的神力。届时，释比在一条用红火炭铺成的路上，赤足在火路上行走而不伤脚板，或者用舌头去舔烧红的石头、铁犁头、铁钉而不伤人体，其行为惊险、奇特，为羌族释比火祭的一大特色。

图2-11　羌人火葬的“阴屋”

关于羌族尚火的原因，羌民族居住的地理、气候环境及迁徙历史也是重要因素。由于氐羌民族大都居住在气候严寒、条件艰苦、海拔很高的山区，在这样严酷的自然环境条件下，火自然而然地成为他们生活生产中必不可少的生存需要。而且西南地区的氐羌民族都有过长途迁徙跋涉的经历，所以他们在情感表达方面体现出像火一样的炽热、豪放、粗犷的民族性格，具有强烈的阳刚之气。并且，在迁徙中大约有这样一些因素使火与祖先联系在了一起。

第一，迁徙途中，火种的保留总是由部族中最权威的长者负责，他们德高望重，只有他们才能承担这样重要的责任，于是渐渐地他们便与火联系在了一起。如果说这些民族不是大规模迁徙，而只是在草原转场，此时，祭火更多的是一种生活上的意义，但在大迁徙时，火更像是一个民族的绵延。只有火可以帮助羌人记住一路上走丢了多少人，失去了多少同胞，只有火是永不熄灭的。

第二，由于途中诸多不便，长者的遗骨常常无法得到很好的保存和安葬，以火葬为俗的氐羌民族便把火中留下的遗骸带走，但是迁徙路途遥远，在到达目的地的时候，长辈们的大部分残骸也可能丢失，于是人们想到用几块路上用来垫锅的石头来怀念祖先。

第三，在行走的途中，每晚的火堆旁都是长者们商量民族大计的地方，火便是他们工作的见证。当他们死去，火里仍然有他们的音容笑貌。在恶劣的生存条件下，心灵的慰藉、缺失，血与泪的回忆，使一代又一代的游牧子孙们把火与祖先联系在了一起。

羌族神话中说，火神蒙格西爱上了羌人女酋长阿勿巴吉，他俩生下了儿子热比娃，他遵父嘱到天庭取火，火神给他两块白石，教他击石取火，由此人们才有了火，羌人也因此奉白石为神，每家的火塘也就成为火神的留居之处。火在羌民族的眼里威力无比，甚至超过太阳，因而广受崇拜。在石器时代至铁器时代，羌族祖先使用的火镰是人类前所未有的创举，是当时最先进的火器。无论天晴下雨还是高山野外，只要用火镰和白石相碰撞，碰出的火花便可引燃特制的野棉花而得火（图2–12）。

羌人家家户户都有火塘，被视作最圣洁、最重要的地方，并且被置于日常生活的中心地位而受到保护。在此基础上还衍生出了一系列关于火塘的禁忌，例如，要保持火塘的洁净，不准跨越火塘，不能往火塘里吐痰，不能在铁三脚架上烘烤鞋袜等不干净的东西，更不能往火塘里倒水。羌族将自己的思想意识嫁接到了自己创造出来的火神身上，认为火神和羌族一样具有爱干净的良好的生活习惯，因此，千方百计地保持火塘周围的卫生，以此来讨好火神，祈求他降福于羌族。

羌族每户家庭的火塘中一般有三块白石或一个“铁三脚架”（图2–13），分别

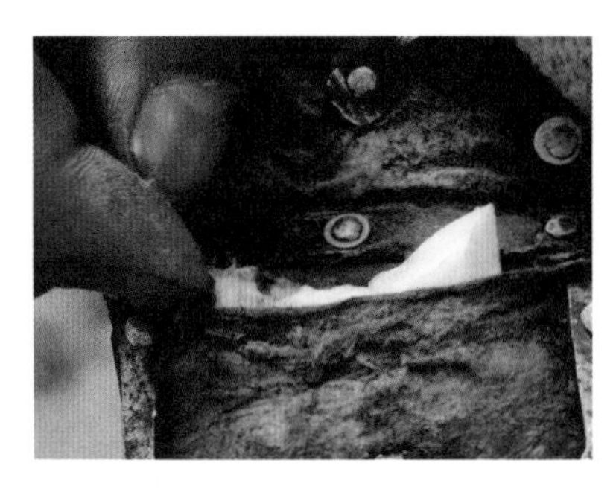
图2-12　火镰、白石与引火的野棉花

图2-13　火塘上的铁三脚架

图2-14　羌族云云鞋上的火镰纹

代表火神（木姑色）、男宗神（活叶色）和女宗神（迟依色）三个神位。火塘上的三脚架有一个穿有小环的支脚，它也代表火神，因而这个支脚具有了特别的含义。欢乐时羌人围着火塘跳“沙朗”。火塘烟火不断，不能熄灭，称为“金炉不断千年火，玉盘常点万代灯”。

对火的崇拜也表现在服饰和刺绣上。例如，羌族妇女围腰上常用“火盆花”的图案。又如，云云鞋上绣的云云纹实为火镰纹（图2-14）。云云鞋一般由3～5层鞋底和绣有火镰纹的鞋面组成，云云鞋的鞋跟两边各有一对火红的火镰纹，而脚尖的火镰纹则变化为云纹图案。这些图案也常常出现在羌人的背心和长衫上。男性的传统腰带上必须挂一个小火镰，它是重要的装饰品。

## 第四节　尊崇太阳的特征

崇拜太阳在羌民中特别突出，羌人尊太阳为十二神之一，把太阳神列为众神之首，太阳神和天神最大。羌人视太阳如火一样重要，羌语称太阳为“木色色国”，直译其意为“烤火热”，将太阳与火视为一体。炎帝又被羌人称为“太阳神”。班固的《白虎通·五行》说：“炎帝者，太阳也。”古羌人以火或太阳为图腾，始于他们自诩于炎帝之后。炎部落崇拜火，崇拜太阳，以火为部落名号，并崇拜红色。同时，史籍记载古代羌人通行太阳历。因此，每当太阳初升和日落的时候，羌人便开始在房顶的白石塔上燃香、祈祷、敬神，而当天阴或太阳被云雾遮住时，人们便放开嗓子喊太阳，祈求太阳神驱散乌云，赶走黑暗，让太阳永照人间。节庆和羌历年时，为了感谢太阳给予大地的光明和温暖，羌人要献“太阳馍”并唱颂歌《喊太阳》：

点燃那圣洁的柏枝哟，呐吉呐呐哟呀，

装着那温暖的期待哎，呐吉呐呐哟呀，

燃起那万年的火塘哎，呐吉呐呐哟呀，

盛满那醇香的美酒哎，优喜匝纳哟呀，哎优喜匝纳哟呀。

吹响那悠远的羌笛哎，呐吉呐呐哟呀，

唱起那古老的歌谣哎，优喜匝纳哟呀。

围着那熊熊的火塘哎，呐吉呐呐哟呀，

跳起那旋转的锅庄呀，优喜匝纳哟呀。

当您的金光，初洒在九顶雪山，我们在谷底呼唤您，

当星星月亮，在为您看护世界，我们在碉楼上呼唤您。

呵，太阳，呵，太阳，呵神圣的太阳。

穿上那节日的盛装哎，呐吉呐呐哟呀，

焕发那喜悦的容光哎，优喜匝纳哟呀。

敲响那羊皮的神鼓哎，呐吉呐呐哟呀，

跳起那欢快的莎朗哎，优喜匝纳哟呀。

羌民族的宇宙观核心即太阳，太阳掌管四季更替、雨雾阴晴、一草一木的繁盛枯萎以及羌民们的春耕秋收、日常劳作、出行等，太阳与他们的生活息息相关，因此，不仅在重大祭祀活动中要做太阳馍加以供奉，嫁女时也要做太阳馍（图2–15），以太阳馍为送亲队伍开道（图2–16），新郎、新娘结婚时也要吃长辈提前准备的“太阳月亮馍馍”。

在羌民族中担任祭日任务的仍然是释比，羌族释比把祭祀太阳神及祭天的仪式称为“刮巴尔”，一般在传统农历九月三十日太阳落山到十月初一的这段时间迎送、祭祀太阳。在羌族释比的经典古籍《拍德直改·西啊日耶》中，介绍了如何祭祀太阳神。羌族所祭奉的太阳神并不是一位，而是一个族群——太阳神族群。他们包括“开启明光太阳女神、白太阳神、太阳女神母、太阳光飞女神（太阳神鸟）、太阳开亮神母”等，共二十余位。其系列之庞大，数量之众多，无论是与汉

图2-15 火塘旁做太阳馍

图2-16 以太阳馍为送亲队伍开道

民族还是与中北美的玛雅文明相比，羌族所祀奉的太阳神都更为系统和全面。由此可见，羌族以太阳为图腾的历史非常悠久，文化内容相当庞杂。

可见，羌族习俗充分显示了羌人对太阳崇拜的心理。这种心理也体现在羌族的服饰与建筑中。例如，羌人织花带是男女均要拴在腰间的重要饰品，上面主要纹样是万字纹——“卍”，是代表着太阳的符号（图2-17、图2-18）。它赋予织花带神奇的作用，被认为具有神力、能辟邪。因此，姑娘出嫁时必须用有“卍”字纹的织花带捆扎嫁妆，才能保持它的圣洁，使其不受玷污。羌人生病时将织花带搭于被盖上，可驱邪恶，使患者早日痊愈。花带用烂必须烧毁，而不能扔掉。此外，在飘带上也常绣日、月纹样，以此来表达太阳崇拜这一主题，纹样表现得突出感人。

相同或类似的纹饰在羌族建筑装饰中也有出现，如在许多羌族聚居区的羌寨墙体上，常常能看到一些“卍”字纹、十字纹、太阳纹等纹饰，它们在羌语中都被称为“阿不却格”，既表现了对太阳的崇拜，又美化装饰了住宅墙面。

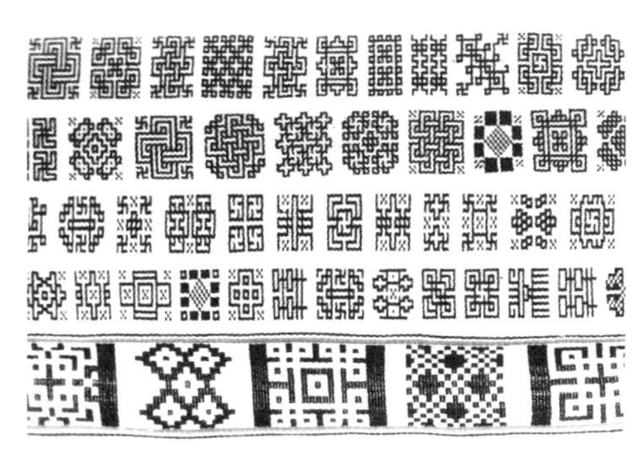

图2-17　织有万字纹的织花带（一）

图2-18　织有万字纹的织花带（二）

# 第三章 羌族服饰与羌族刺绣的美学特征和文化品格

羌族是一个长期处于不断迁徙的民族，迁徙不仅形成了羌族与许多其他民族不同的生活方式，也塑造了他们与众不同的精神世界与民族性格。迁徙是烙在羌族人身上的一种很深的文化记忆，并且直接影响他们审美观念及其文化品格。

民族服饰是一个民族文化的符号与标志，通过它可以审视到该民族的美学特征和文化品格。对羌族服饰与羌族刺绣审美观念的探索与研究，有利于认识羌文化独特的美学特征和丰富内涵，并加深对中华民族多元一体特质的认识和理解。

## 第一节　博大、刚健、壮丽之美

自然生态环境会对文化传统带来深远的影响。人们审美观念的形成也自然表现出自然生态环境的影响和作用。服装本质上是一种物化了的人的意志与精神，羌族服饰正是自然环境在其审美心理上形成的物化结果。古羌人长期生活在天高地阔的大草原，以后又迁徙到高山峻岭、江河急流的川西北岷江上游，这样的生态环境给人以博大、壮丽之感，陶冶了羌族的审美情操。由于古羌人长期迁徙，他们以山地为伴，跋山涉水、历经艰险。恶劣艰苦的自然条件培养了自强不息、坚韧不屈的民族性格。

羌族在艺术上的博大精深是源于其文化的母体传承性和包容性。作为氐羌文化的代表，羌族不仅是衍生出中国14个民族的母体，同时也与汉民族水乳交融。民族学家任乃强先生在《羌族源流初探》中称："上古羌人向东进入中原，与土著的华族杂处，共同发展农业，从而孕育出中华文明。"同时，羌族数经战乱，在民族大融合的过程中，兼容并举，不仅使羌人的血液与这些民族紧紧相连，同时也与多民族在语言、习俗、艺术等方面相互交融，逐渐形成了"你中有我，我中有你"的格局，其文化艺术具有博大、刚健、壮丽之美。

羌族建筑以碉楼为代表，体现了博大壮丽之美。原来作为军事防御工事的碉楼，往往都是建在山顶或险要关隘上，气势雄峻威武，高低错落有致，气势非凡（图3–1）。碉楼作为居住文化、宗教文化、军事文化的融合体，如今已经逐渐从军事防御用途演变为民用，甚至已经没有什么实际用途，而仅仅具有一种图腾象征意义。但不可否认的是，由一块块碎石垒砌而成的碉楼雄浑壮观、气势凛然，犹如英雄的脊梁，仍然是羌民族精神的代表，是羌文化的重要地标（图3–2）。

博大、壮丽的美在羌族服饰中也有非常鲜明的体现。羌族男子自幼就受到勇敢、威武精神的培育（图3–3），羌民间流行的谚语是："男丁15岁穿铠甲，枪打得好。20岁在议话坪，话讲得好，就算好小伙。"刚毅尚武在羌族服饰中有很强烈的表现，如羌族民间流传久远的丧葬祭祀舞蹈《跳盔甲》（羌语称为《克什叽·黑苏德》），是为战死者、民族英雄和有威望的老人举行隆重葬礼时而跳的舞蹈。在丧葬墓地中，由身穿牛皮盔甲的男子，手握兵器集队互舞，以示对古代战死的英雄亡灵的安抚。羌族男子除了身着牛皮盔甲、手执兵器外，还戴盔帽，脚穿皮靴，其服饰显示了羌族男子威武、刚健之美（图3–4）。

广袍大袖的长衫是典型的羌族服饰，所系的腰带长度都在3米以上，图3–5是四川省博物院陈列的羌族妇女用的羊毛腰带。羌族妇女均打绑腿，其绑腿一般

图3–1　黑虎寨碉楼群

图3–2　碉楼如羌人坚强不屈的脊梁

图3-3 羌族男子"枪法好就是好小伙"

图3-4 《跳盔甲》舞表现了羌族的尚武精神

长2.6米（图3-6），绑腿带至少也有1.6米长，与云南傣族姑娘所用的绑腿、绑腿带相比，有很大的不同，傣族姑娘的绑腿长约0.4米，绑腿带也就是几根丝带（图3-7）。羌族男女多包大包头，所包头帕的长度在3米以上（图3-8）。松坪沟一带的羌族男子横挎腰刀，打绑腿，包大包头，此外还要插上三五根锦鸡尾羽，在蓝天白云、阳光灿烂的川西高原上，更显出气宇轩昂、刚健壮丽之美（图3-9）。

即使一件普通的长衫，经羌族男子穿着后也能体现出一种刚毅之美。例如，参加集会或跳舞时，男子常将长衫大襟一侧的下摆拴至腰间，称为"一杆旗"的着装，所系腰带的带头有尖形绣花（称为"马耳朵"），因此，这样的着装被称为"前扎'一杆旗'，后扎'马耳朵'"（图3-10），散发出一种阳刚之气。

图3-5　羌族妇女的羊毛腰带

图3-6　羌族妇女均打绑腿

图3-7　傣族姑娘的绑腿

图3-8　羌族妇女多包长头帕

图3-9　气宇轩昂的松坪沟羌族男子

图3-10　萝卜寨羌族男子的着装

## 第二节　原始古朴的审美追求——白色、红色之美

羌族的色彩审美观受到原始宗教信仰的影响，尤其是对白色和红色的喜爱。羌族对白色的崇尚源于白石崇拜以及羊图腾崇拜，对红色的感情更多源自对火的崇拜以及对太阳的崇拜。

羌族历来崇尚白色，以白为吉，以白为善，并将白色作为最纯洁、最美丽的色彩。服饰以白为美，盛装时节常穿白麻布或白羊毛线编织的衣服，打白色绑腿（图3-11）。释比做法事时穿白衣和白裙，白色成为羌人最尊贵的色彩。

羌族对红色的喜爱与羌人崇尚火、崇尚太阳有着紧密的联系，羌族的尚红习俗，又叫作“火红文化”或“火文化”。羌人喜欢红色缘于上古之传，有着悠久的历史，《白虎通·无行》说炎帝“其色赤”，赤即红色。羌族与炎帝同源于古氐羌，在色彩崇拜和喜好上也会受到古氐羌的影响，以红色为吉祥色。炎帝是中华民族的始祖，因此，羌族、汉族都有尚红的习俗，且红色皆有相同或相似的文化内涵。现代羌族也普遍喜欢红色，如新娘出嫁的嫁衣是红色，盖头是红色，绣花鞋是红色；新婚后，新郎的腰带是红布或红绸；青年妇女、少年童女都喜欢穿朱红、紫红、水红色的长衣（图3-12）；老年妇女的寿衣也有一件是红色的。

此外，羌族"挂红"礼仪也是羌人以红色为美的体现，"挂红"使受挂人感到置身于团结、喜庆、祥和、欢乐的氛围之中。"挂红"是羌族的最高礼仪，适用于羌人认为比较重要且适合的场合。羌人最初"挂红"的习俗源自欢迎远征凯旋的将士的仪式，具有感谢、慰问的含义。之后，随着社会的进步，"挂红"逐渐被应用到更多的日常生活当中，"挂红"的对象包括：应邀的外来贵宾（其礼仪类似于藏族的敬献"哈达"），族人所信奉崇敬的神像，地方头领、部族中有威望权势的人，结婚时的新郎、新娘等（图3-13）。羌族"挂红"时使用红布或红丝绸，过去使用的红布一般是红色粗布或者粗纱，现在则普遍使用红丝绸。"挂红"的方法遵循男左女右的成规，即给男性"挂红"时，羌人双手捧着一条长度约为200厘米的红丝绸来到客人面前，将红丝绸从其左肩斜挂于右肋下，在右胯骨附近松松

图3-11　身着白色毪衫的羌族男子

图3-12　羌人喜着红色服装

地挽一个小结，余下的红丝绸则自然垂于右下方；给女性“挂红”时，则从其右肩斜挂于左肋下，在左胯骨附近挽一个小结，余下的红丝绸则自然垂于左下方，显得十分飘逸。在由茂县歌舞团演出的大型歌舞《羌魂》中，充分表现了羌人对红色的喜爱与追求（图3-14、图3-15）。在演出结束时，由演员们在舞台上高举

图3-13　结婚时新郎、新娘均挂红

图3-14　挂红是羌人最隆重的礼遇

图3-15 献“羌红”是最尊贵的礼节

一块能覆盖全场观众的大红绸，并牵拉至整个观众席，观众伸手触摸红绸，祈福“吉祥如意”。

## 第三节 祖先崇拜、亲情至上之美

羌族对其先祖历经艰难困苦、不屈不挠的迁徙经历无比敬仰（图3–16），这成为他们共同的心理积淀，构成其内心世界深层的情感因素，并形成该民族深层的文化记忆和审美经验的根源。羌族每逢重大祭祀活动和人生经历的重要关口（如冠礼、婚礼），均要由族长叙史，释比诵经，祭祀祖先。正如民间流传甚广的《羌戈大战》唱道：“羌人能安居乐业，是前人用血汗来换。凭了祖先的智慧，尔玛人的子孙才有了今天；凭了祖先的勇敢，尔玛人的子孙才居住在岷江两岸。”羌族人民用这种“长歌祭祖”的方式来缅怀先祖，教育子孙。

羌人对民族创世祖先如天女始祖母木吉卓和男性英雄始祖热比娃无比崇拜，在民间广泛流传并传唱着他们的经典事迹。羌人家中供奉着他们的神位，他们被视

图3-16 长歌祭祖的羌人

为重要的家神而受到膜拜。每个家庭逝去的先人均被奉为神灵，称为“祖宗香火”，其神位在家中火塘一角。家中老人逝后，亲属要为之举哀、治丧、做法事，赞扬死者生前的功绩。羌人尊崇古风、注重亲情、尊长有序，如堂屋祭祖、母舅权大。

服饰是羌族人民表达亲情的重要载体，其母子亲情正是通过服饰来表达，服饰传达着神圣的爱。在茂县以北的地区，每个羌族男子成人后都有一件珍贵的衣物，这是母亲用两年多时间自纺、自织、自己剪裁缝制而成的一件羊毛毪子长袍（图3-17）。“慈母手中线，游子身上衣。”这是母亲用无私的母爱制成的最珍贵的纪念品。父母去世，子女也会以特殊的方式，通过服饰体现自己最沉重的心情、表达悲伤。例如，在原本包黑头帕的地区，子女会因母亲去世，改为包白头帕，妇女将耳坠也换成白羊毛线以示自己重孝在身（图3-18）。有的虽然父母已去世多年，但子女仍在黑头帕里面包上白色的孝帕，直到将孝帕包烂再烧掉为止。

无论是羌族的成年人还是儿童，都可以戴“羊角花帽”。尤其值得一提的是儿童的“羊角花帽”，其图案采用挑花或刺绣工艺，色彩艳丽，精致细腻（图3-19），映射出儿童天真烂漫的天性，也表现出父母对子女的无限疼爱和呵护，是亲情至上的一种典型体现。

图3-17　身着母亲手织的长袍

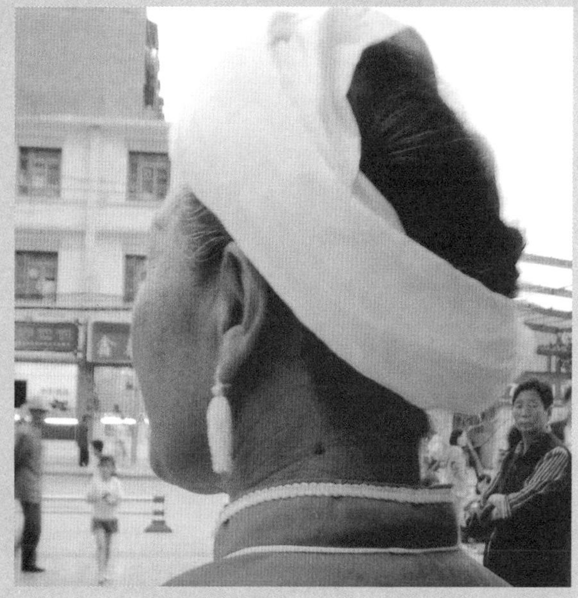
图3-18　戴孝的羌族妇女

图3-19　“羊角花帽”上的绣花

# 第四章 羌族服饰的类别、纹样、色彩及构成的审美特点

具有悠久历史的羌族，其服饰成为该民族文化的载体，上面凝聚、积淀的文化信息十分丰厚，在服装的类别、刺绣纹样、色彩及构成上，无论是内容还是形式，都显示出这个民族具有丰富的审美经验、深厚的审美修养以及很高的审美品位。一首羌族山歌《唱穿戴》描述了羌族妇女的着装与打扮：

穿上靴子呀！好看的靴子。

扎上了靴带呀！五色的靴带。

穿起了裤子呀！白绸的裤子。

穿起了绣花衣衫呀！美丽的花衣衫。

扎起了腰带呀！好看的腰带。

左手戴上呀！牙骨圈子。

右手戴上呀！珊瑚圈子。

颈上挂上呀！珠宝项链。

耳朵上的耳环呀！有五钱金子。

耳朵上的坠子呀！是珊瑚做的。

头上帕子呀！是绣花帕子。

右手戴的戒指呀！镶着珊瑚。

左手戴的戒指呀！镶着玛瑙。

……

这首羌族山歌将羌族姑娘从头到脚的服饰特点做了详细的描述，充分展现了她们在服饰上追求的美。

# 第一节　羌族服饰的类别特点

## 一、首服

羌族男女皆有留长发的习俗，《后汉书·西羌传》称“羌胡被发左衽。”“被发”即为“披发”。在我国西北古羌人曾经活动的甘肃、青海等地，发掘出大批史前文物，其中有不少器物上描绘有披发人物的形象。如甘肃秦安大地湾出土的人头形器口彩陶瓶，瓶口呈人头像，其头像额前垂短发，其余头发则披于颈部（图4-1）。史书记载，秦厉公时，有羌族首领爰剑，其妻自认为丑陋而将头发披覆于面部，羌民见之争相效仿，久而久之形成披发覆面的习俗。关于“披发覆面”的习俗在新石器时代的彩陶器上也有表现，如甘肃永昌出土的新石器时代的彩陶罐上所绘的人物不仅披发，并且面颊上都绘有明显的黑线条，象征覆面的头发。又如青海柳湾出土的彩绘人像陶壶上绘有全裸披发的妇女，其面部也绘有黑线，象征覆面的头发（图4-2）。这些实物证实了早在史前时代羌人就有披发覆面的习俗。如今羌族妇女多留长发，少女时梳成长辫，婚后则挽髻（图4-3）。羌族男孩7岁时剃光头，仅在百会穴（即前脑门）处留一绺头发。成年时蓄发包帕，缠头帕时留出头发，然后将头发与蓝丝线一起编成发辫盘绕于脑后。松坪沟的羌族男子至今仍留有此发型，包头帕后还要插上几支雄鹰或锦鸡的尾羽，显得十分威武（图4-4）。汶川县羌锋寨一位84岁老人称自己的编发辫正是保持了羌族原始的发型（图4-5）。在茂县北部地区的羌族男子多留长发，并披于肩上（图4-6）。

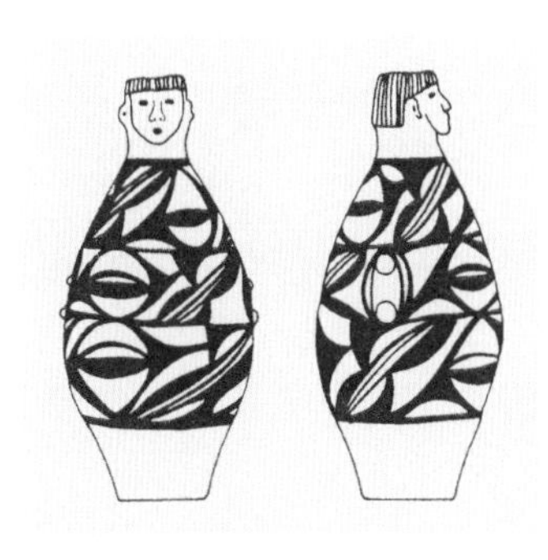

图4-1　甘肃秦安大地湾出土的人头形器口彩陶瓶（《中国历代妇女妆饰》）

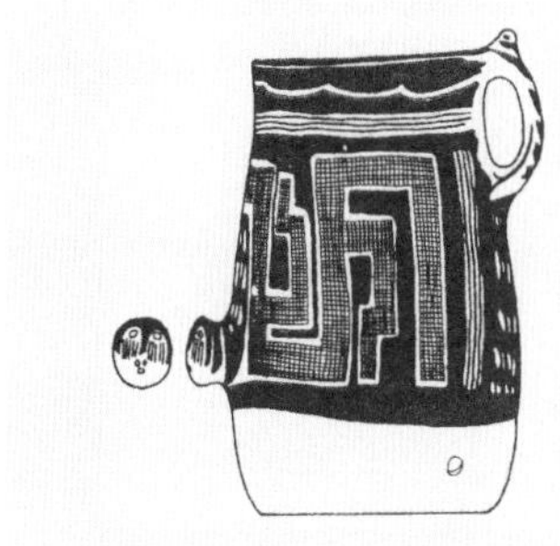

图4-2　甘肃永昌出土彩陶罐以及青海柳湾出土的陶壶上，均绘有披发覆面的人像（《中国历代妇女妆饰》）

图4-3　婚后羌族妇女多挽髻

图4-4　羌族男子头饰

图4-5　84岁的羌族老人仍保持着羌族男子的传统发型

图4-6　茂县北部地区羌族男子发型

羌族男女都习惯包头帕，男子缠黑色或白色头帕，青壮年男子将头帕包得前高后低，显得器宇轩昂、威武神气。有的地区将黑白头帕都包在头上，即先包白色头帕，再交错包上黑色头帕，并露出里层白帕以形成几个白色圆块面，使头帕富于变化，并称此头帕为“喜鹊头帕”。妇女的头帕色彩也分为黑色和白色，大多绣有花纹。包头帕的方式有包帕和搭帕两种。包帕因缠绕方式的不同而呈现不同的造型，有的缠成盘状，如茂县永和乡一带的妇女（图4-7）；有的缠成高耸的黑色大包头，如牛尾寨、镇坪、松坪沟一带的妇女（图4-8）；有的用两条白色长帕包成挺拔威武的“将军帕”，如黑虎寨的妇女（图4-9）；有的将白头帕在头顶交叉成十字状，称为“十字帕”，如汶川萝卜寨一带的妇女（图4-10）；有的包黑色绣花帕，两个帕头立于后脑勺，如上翘的耳朵状，如理县蒲溪乡的妇女（图4-11）；有的随季节不同头帕也有所变化，如三龙乡羌族妇女春秋季包绣花长头帕（图4-12），冬季则包四方形的绣花帕。此外，羌族妇女还喜欢戴瓦帕，戴瓦帕的羌族妇女主要在茂县、赤不苏、曲谷、雅都、维城一带，瓦帕为折叠成三层的黑帕，最上一层绣有花纹（图4-13），瓦帕戴于头顶再用两条发辫和发线缠绕固定，并用银花、银牌、珠串、蓝色丝线装饰在发辫上（图4-14）。羌族妇女头戴的瓦帕与大凉山喜德地区彝族妇女以及嘉绒藏族妇女所戴的瓦帕非常相似，从中可以看到各个民族在服饰上相互影响与交融的特点。但认真比较仍可看出差别，如瓦帕上三个民族所绣花纹不同，彝族妇女的瓦帕多为几何纹，羌族妇女的瓦帕则多为花草自然纹，而嘉绒藏族妇女的瓦帕虽多为花草纹，但纹样构成不同，并且在左前方还悬垂一束美丽的丝穗（图4-15）。

图4-7　包盘状头帕的茂县永和乡妇女

图4-9　包“将军帕”的黑虎寨妇女

图4-8　包黑色大包头的牛尾寨妇女

图4-10　包“十字帕”的萝卜寨羌族妇女

图4-11　包黑色绣花帕的蒲溪乡妇女

图4-12　包黑色绣花帕的三龙乡妇女

图4-13　瓦帕上的绣花

图4-14　赤不苏妇女的瓦帕和其他头饰

图4-15　嘉绒藏族妇女的瓦帕在左侧垂有一束丝穗

## 二、上下装

羌族男女服饰至今仍以长衫或长袍为主，保持着古羌人游牧时期的着装方式。男子的长衫长袍过膝，妇女的则袭过脚背。其面料多为毛、棉、麻、丝等织物。

古羌人生活在我国大西北地区，气候寒冷，其传统服饰的面料以能御寒保暖的动物皮毛制品为主。羌族是最早将野羊驯化为绵羊的民族，《汉书·冉駹传》称"其国或土著随畜牧业迁徙。"羊是羌人衣料、肥料的重要来源，羌人以羊皮毛制衣，以羊粪为肥料。《禹贡》所述及的"织皮"即他们制成的连毛绵羊皮。除制作"织皮"外，古羌人还制作了一种称为"毪子"的粗毛呢织物。制作时，先用石英石制成的"玉刀"割下羊毛，然后搓拧成毛线再织成"毪子"，史称"褐"，这种面料曾作为重要商品输入中原地区。如《周书·异域传》《北史·宕昌传》都曾提及：宕昌羌人"皆衣裘褐"。西夏元昊统治时期，党项羌人衣着也多为畜产品，一般戴毡帽，穿毛织长衣或皮袍，腰间束带，上挂小刀、小火石等饰物，穿皮靴。元昊还仿唐宋官制，以衣冠的色彩来区别官职高低。由于西夏地处"丝绸之路"的交通干线上，中原的锦、绮、绫、罗等丝织物源源不断途经西夏，受其影响，西夏上层男子也穿团花锦袍，妇女穿绣花翻领长袍，在敦煌莫高窟的壁画中可以看到这种服饰。到了清代，羌族着装形制已基本形成并确定下来，它与今日羌服大体相似，即长袍、长衫为服装的主要款式，束腰带，外套坎肩（皮褂褂），下穿蓝色或白色长裤，脚穿靴或绣花鞋。

大西北的羌人虽然迁徙至四川西北岷江上游一带，从此以畜牧业为主的生产方式转变为以农耕为主的生产方式，但衣着仍然保留原来在草原生态环境中所形成的以袍服为主的服装特点。在茂县沙坝以北地区这种着装更为鲜明，尤其是重大节日、祭祀祖先时，羌人所着的盛装皆为长袍、长衫，外套皮背心。

至近代，"毪子"的制作方法与古羌人已有所不同。每只羊一年剪毛一至两次，每次可得五六两，然后用纺锤吊线（图4-16、图4-17），再用踞织的方法编织出毪子，五六天就可织出一件毪衫所用的料（参见1954年原西南民族学院民研所《羌族调查材料》教学资料，1984年出版）。在茂县松坪沟一带，现在还随处可见羌族妇女一边走路一边举着两手纺捻毛线，为家人准备织毪子、绑腿或织花带等所需要的材料（图4-18）。

图4-16　羌族妇女以羊毛纺线

图4-17　羊毛纺锤

近代羌人除穿毪衫外，也多着麻衣。虽然羌族男女均穿毪衫或麻布长衫，但因地区而有所不同，如茂县沙坝以北的赤不苏、牛尾、镇坪、松坪沟等地以毪衫为主；而茂县沙坝以南的黑虎、汶川、雁门、理县蒲溪等地则穿白色麻布长衫（图4-19）。羌人的毪衫以毪子作为衣料，而麻布长衫的麻布则是以自产的大麻（俗称“火麻”）为原料，经加工而织成。大麻，属桑科的一年生植物，雌雄异株，雄株古代称“枲”（xǐ），雌株称“苴”（jū），雄株纤维略少，但色白，强度高。大麻茎皮

图4-18　松坪沟羌族妇女纺捻毛线

纤维量可达70%，其单纤维长150～250毫米，十分适合作为纺织纤维。过去每户都用一亩或几分地种麻。羌族女孩十三四岁便开始学纺织，以纺麻、织麻布为主。纺麻时，一边用牙齿撕麻，一边用右手拉伸麻纤维，左手则转动纺锤纺捻麻线（称“吊线”）。纺麻所需时间较长，如果羌族妇女仅平时抽空纺麻，则需要四个月至半年的时间才能备齐一件麻衫的麻线；即使专门纺麻，也需要一个月的时间。由于长期穿麻布衣的原因，与之相邻的嘉绒藏族称羌人为“达玛”或“达蔑”。“达”意为麻，“玛”“蔑”意为人。于是“麻衣人”称谓成为羌人的代称。现在羌民既不种麻，也不纺麻了，而是用棉布、丝绸作为服装面料，麻布反而成为最珍稀的面料。

图4-19　黑虎寨羌族的白色麻布长衫

羌族男子的长衫、长袍为白色，宽松博大，立领大襟右衽。北部地区男衫为斜襟，外翻出绣有花纹或镶有彩色氆氇的前襟，称为“大襟花牌子”（图4-20）。此外，在袖口、下摆均绣或镶有花边。长衫、长袍无扣，全凭一根腰带束紧（图4-21）。由于袍衫长而大，着装时常将袍衫的领顶在头顶再系腰带，待系好后再放下袍衫，上面的袍衫则遮住了腰带（图4-22）。维城、雅都的男子长衫后背右上方还织有五彩图案（图4-23），据称这是他们妻子专门织上去的吉祥纹样，如十字纹、三角纹、万字纹等，用以祈福、降瑞、保平安。男子下装则为深色长裤。

女子服装多用红色、蔚蓝色、深蓝色面料缝制，盛装或出嫁时穿红色长衫（图4-24）。前后襟及下摆除镶有花边外，还多用云纹（火镰纹）装饰，同样，两袖除了镶饰层层花边外，突出的装饰纹样也为云纹（火镰纹）（图4-25）。下装一般为深色长裤，黑虎寨的妇女盛装时则着白色长裤。

图4-20　羌族男子长衫上有绣花的“大襟花牌子”

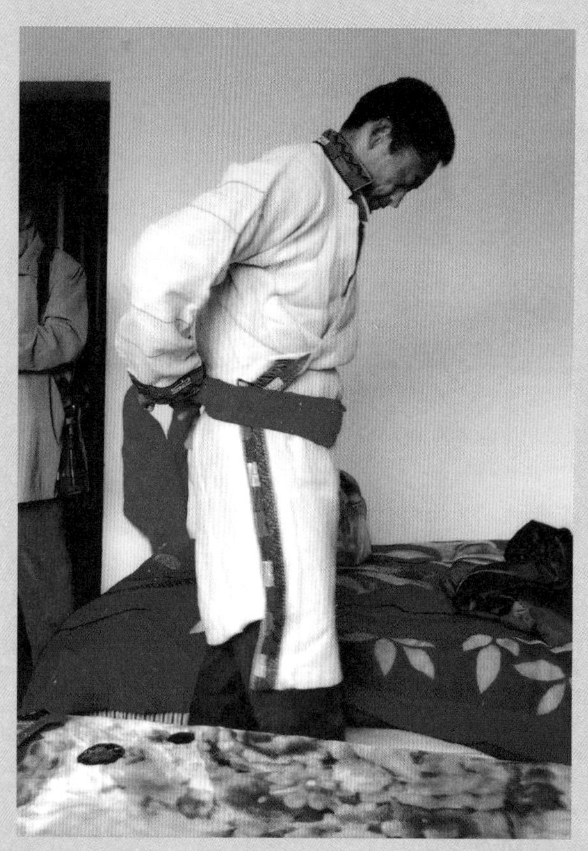

图4-21　长衫无扣，以腰带系紧

图4-22　牛尾寨男子服饰

图4-23　羌族男子长衫右后背右上方织彩色十字纹、三角纹，寓意吉祥

图4-24　赤不苏羌族妇女

羌族男女长衫外均要套一件羊皮背心，即“羊皮褂褂”（图4-26）。这是羌人护身的重要服装，也是最有特色的标志性服装。尤其是祭祀、节庆等重大活动时必须穿着，此外，新郎、新娘也在婚礼服外套上羊皮背心（图4-27）。一般羊皮背心用光板连毛的羊皮做成，无领、无扣，四周露出长毛（图4-28）。羊皮背心的穿着使用比较灵活，天冷下雨时毛向里，可以保暖、防寒、挡雨；天晴时毛向外；劳动时可垫背、负重、垫坐，能起到防磨、防潮等作用。羊皮背心由羌族男子制作，制作时先将两张生羊皮浸泡于草木灰中发酵，再刮去上面的油污，使之光洁，经剪裁后用羊皮细线缝合而成。

除羊皮背心外，还有其他各式背心，如对襟式、大襟式或琵琶襟式等（图4-29）。这些背心一般用黑色面料做成，上面绣花或镶滚花边。年轻妇女的背心都要镶滚多道花边，尤其是理县蒲溪妇女的背心，做工精致，两衩绣有云纹、蝴蝶纹（图4-30）或用补花绣成云纹（图4-31）。

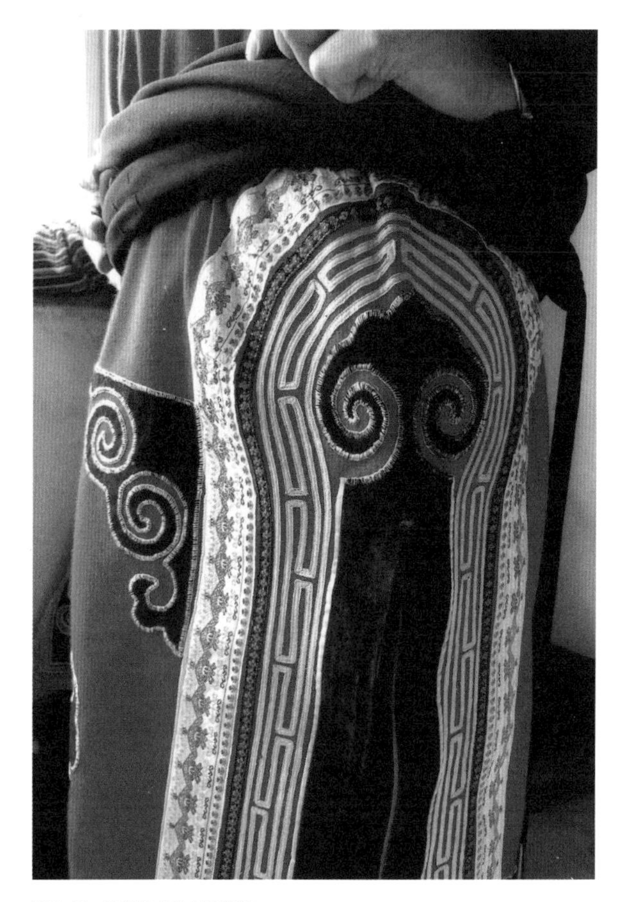

图4-25　两衩处多为云纹装饰

图4-26 羌族男子外套羊皮褂褂

图4-27 结婚时新娘穿羊皮褂褂，系羊毛围巾

图4-28 羊皮褂褂

图4-29 羌族背心款式多样

图4-30　蒲溪羌族妇女的背心

图4-31　蒲溪羌族妇女的补花背心

## 三、足服

羌族足服分为绑腿和鞋，是羌人重要的保暖品和服装饰品。

❶ 绑腿

由于羌人居住在高寒山区，绑腿既可保暖，又可避免荆棘划伤和蚊虫叮咬，同时还是重要的服装装饰用品。男子打上绑腿，英俊威武；妇女打上绑腿，英姿飒爽。绑腿的材料通常为羊毛织成的毪子或大麻织成的麻布（图4-32）。羌族绑腿的色彩配搭、绣花装饰及捆绑方式都很讲究，具有别具一格的美。如牛尾寨羌族男子将白色毪子先绑在脚踝至小腿处，上面再裹上红绿等五彩竖条纹绣花绑腿，然后用手工织成的花足带捆绑、固定绑腿（图4-33）。松坪沟的男子则先打白色毪子绑腿，其上再打绣有彩虹纹的黑色护腿，最后用织花绑腿带固定（图4-34）。羌族妇女一般也打白色的毪子或麻布的绑腿，上面再捆绑红白条纹的花绑腿带（图4-35）。茂县永和乡的羌族未婚姑娘则与其他地方大不相同，她们主要打红绑腿，这大概是党项羌的遗俗，舟曲博峪羌人嫡裔有此习俗。红绑腿的打法是先将白色麻布的绑腿捆绑在脚踝至小腿处，其上再打上红色绑腿，然后再用蓝色绑腿带固定，整个绑腿由白、红、蓝三色构成，色彩搭配鲜明（图4-36）。老年妇女的绑腿则极素净，小腿打上白色绑腿，上面再打上黑色绑腿，最后用白色绑腿带固定（图4–37）。

❷ 羌鞋

羌族早期曾以树皮纤维制作草鞋，且一般由男人制作。后期则改制作绣花鞋，且均由妇女制作。每个羌族妇女都善于制作鞋，她们承担了为父母、丈夫和儿女制作鞋子的工作（图4–38），并绣上各种各样的花朵，表现她们对生活的热爱（图4–39）。

羌鞋中最为突出的是云云鞋，上面绣有云纹图案。男子的云云鞋多采用

图4–32　四川省博物院陈列的羌人麻布绑腿

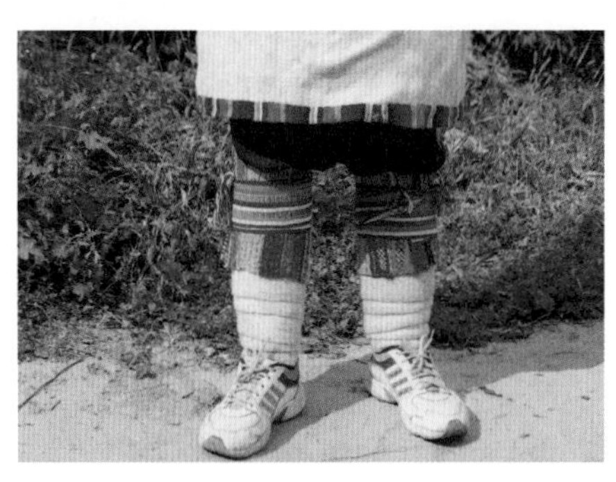

图4–33　牛尾寨羌族男子的绑腿

图4–34　松坪沟男子的绑腿

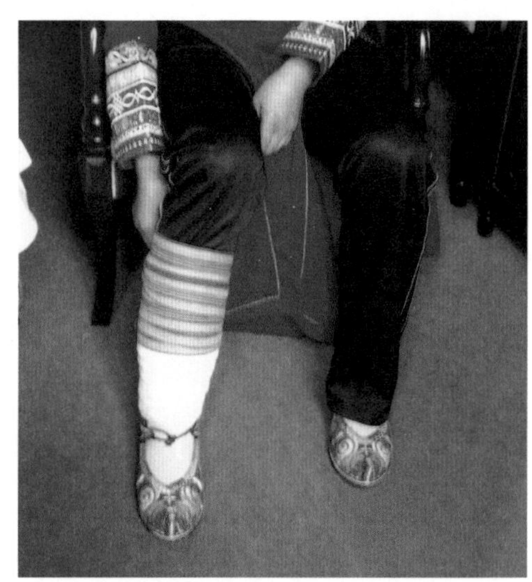

图4–35　羌族妇女的绑腿

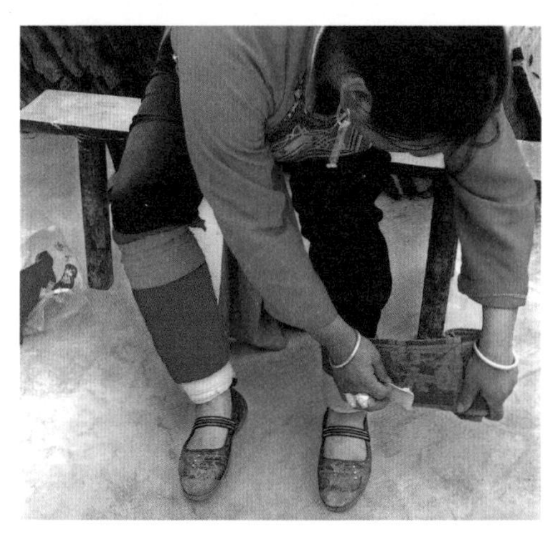

图4–36　永和乡羌族妇女打红绑腿

图4-37　打绑腿的羌族老人

图4-38　羌族妇女善于做鞋

图4-39　千花万朵的绣花鞋

素色面料制作，色彩多为黑色、蓝色。青年男子的云云鞋在黑底上补绣红色云纹，做工极为精巧，如图4-40所示，云纹装饰在脚跟处，一正一反并延续至脚面，而脚尖处则为相间排列的大云纹与小云纹，鞋尖正中有1厘米高的包羊皮鞋梁（图4-41）。20世纪60年代还流行一种白地彩绣的云云鞋，脚尖、脚帮处装饰黑色云纹补花，后跟处有彩绣花纹，素中带彩，既大方又艳丽（图4-42），鞋底用红、绿、黑、白四层色布做成，与鞋面色彩相互呼应。也有的男子云云鞋只有黑白两色，如图4-43中的黑色云云鞋，用白羊皮制成，饱满粗壮的白云纹，将其缝缀于鞋尖，既加固了鞋尖牢度，又使图案更为丰满，黑白对比的色彩显出了阳刚与朝气，鞋口镶有普蓝色边，并在镶边上手绣白线，形成实线和虚线的装饰效果，使粗中呈现出精细之美。鞋底由三层布构成，上下为两层白布，中间夹一层蔚蓝色布，其色彩与鞋扣的群青色相呼应，用色非常考究。

老人的云云鞋多为白地上补绣黑色云纹，脚尖上绣有"寿"字。北部地区的羌族男子有穿靴子的习惯，黑皮靴上多镶饰云纹图案（图4-44）。

图4-40 羌族青年男子的云云鞋做工精巧

图4-41 羌族青年男子的云云鞋

图4-42 三龙乡地区的云云鞋

图4-43 羊皮制作的云云鞋

羌族妇女的云云鞋更为多姿多彩，在红、绿、蓝、黄布拼接的鞋面上补绣红色云纹（图4–45）；有的还在鞋帮中部加绣花卉、灵芝类纹样，使之更富有变化（图4–46）；有的则用挑花或补花与绣花相结合的工艺，使其外观别具一格（图4–47）。20世纪中期还有一种云云鞋，形如猪头，又称“猪儿鞋”（图4–48），其鞋尖重叠的黑色云纹，犹如丰满的猪头，两边云纹上翘，形如猪耳，并滚绣浅蓝色边，在粉红色鞋面的衬托下，显得非常可爱。近年来羌族妇女受外界时尚的影响，将云云鞋与高跟鞋相结合，传统云纹图案、精致的针法及艳丽的色彩与高跟鞋结合在一起，赋予了云云鞋新时代的气息（图4–49）。

云云鞋在羌族人们的心中有极高的地位，是羌族人们的精神寄托，被羌族的未婚姑娘作为定情信物送给小伙子，以寓意对爱情的忠贞不渝。正如羌族情歌唱道：“我送阿哥一双云云鞋，阿哥穿上爱不爱？鞋是阿妹亲手绣，摇钱树儿换不

图4–44　北部地区男子多穿靴

图4–45　羌族妇女的云云鞋

图4–46　绣有灵芝纹的云云鞋

图4–47　采用挑绣、补绣与绣花相结合制作而成的云云鞋

图4-48　羌族“猪儿鞋”

图4-49　高跟云云鞋

来。我送阿哥一双云云鞋，阿哥不用藏起来，大路小路你尽管走，只要莫把妹忘怀。”另一首情歌也点明了姑娘送云云鞋的含意：“送哥一双云云鞋，千针万线手上来，彩云朵朵脚下滚，两颗心花一齐开。”羌族被称为“云朵上的民族”，以形容其长期住在高山上，云云鞋正赋予了脚踏云朵之意。汶川有的羌族男子结婚时穿的云云鞋，其鞋尖一组云纹，后跟一组云纹（图4-50），称“前云后云，跑不赢”。

除云云鞋外，未婚青年男女也穿绣花鞋，鞋面多采用红、黄、绿、蓝、黑等颜色，上绣花草纹样（图4-51）。还有一种“尖尖鞋”，鞋尖上翘，鞋尖正中突起1厘米高的鞋梁，多绣缠枝花纹（图4-52）。此外，还专门做有夏天穿的绣花凉鞋（图4-53），鞋跟绣花，前面用彩线编织鞋帮，鞋尖上用彩线做成穗子。松坪沟男子的凉鞋用白线编织鞋帮，鞋尖装饰有红、绿、黄的绒线球，色彩鲜艳夺目（图4-54）。女子结婚时则穿两层底的鞋，在红布上绣缠枝花纹，称“通后跟花”。

图4-50　羌族男子云云鞋　　图4-51　绣花鞋

图4-52　尖尖鞋

图4-53　绣花凉鞋

图4-54　松坪沟男子的凉鞋

### ❸ 袜子和鞋垫

羌人过去多穿自己用布做成的袜子，结实耐穿。袜底和袜跟都绣有花纹（图4-55），纹样多为水波纹和柏枝纹，边缘饰以旋涡纹，这是羌族妇女祈福自己的亲人跨过千山万水，事事如意，一路平安。绣花鞋垫也是羌族妇女重要的刺绣品，其花纹、色彩非常丰富，纹样有缠枝花草、几何图形等（图4-56）。

## 四、腰饰

羌族男女的腰饰非常丰富，如前面的围腰、裹肚，后面的飘带，腰和腰带上所悬挂的针线包、火镰、小刀等，这些都是羌人不离身的实用品和装饰品。

腰饰装饰在羌族妇女身体的重要部位，包括胸腹部、后腰和臀部，充分展现出羌族妇女身体的曲线美和健壮美。在围腰和飘带上，每个羌族妇女都采用了最美丽的纹样、最艳丽的色彩以及最精美的绣花工艺。

图4-55 以布做袜，袜底和袜跟上多绣花

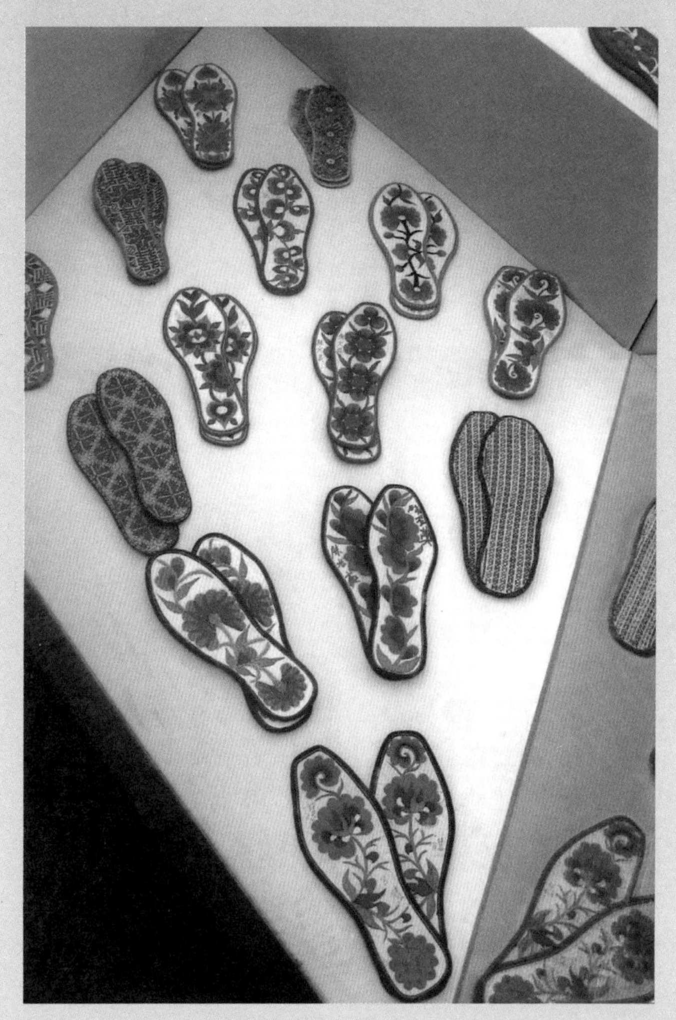

图4-56 绣花鞋垫

## ❶ 围腰

围腰既是羌族妇女日常生活的实用品，又是她们展示自己智慧与才能的艺术品和装饰品。围腰多用黑色、深蓝色布缝制，有半襟围腰和满襟围腰两种。半襟围腰呈梯形，上宽66厘米，下宽73厘米，长70厘米。有的地区还流行一种窄围腰，仅40多厘米宽，可用它搭配下摆镶有宽边的绣花长衫。妇女穿的围腰均要绣上花纹，刺绣花纹主要集中在围腰上部两个紧密相连的大兜上，兜既具有实用功能，可以放东西，也是围腰装饰的中心和重点，鲜艳的色彩、别致的纹样都体现在这两个兜上（图4-57）。其他部位若要刺绣，也多为素色，使之形成陪衬，主次分明，并与兜上的中心纹样形成对比或呼应（图4-58）。有的地区围腰系带没有缝在围腰头的两端（即围腰头的两角），而是缝在两侧离角5厘米左右处（图4-59）。笔者向羌族妇女问其原因，称："若围腰系带缝在围腰头的两角，围腰拴在腰上后，两侧的花纹就看不全了。"围腰是羌族妇女精心绣制的艺术品，她们非常在乎是否能全面展示它的花纹，以期望人们能从所系的围腰上看到自己的聪明才智。当平日在家或劳动时，她们则将围腰反面围上，让绣花的一面藏在里面以免脏污（图4-60）。

图4-57　围腰的视觉中心是两个绣花的方形大兜

图4-58 主次分明的绣花围腰

图4-59 围腰系带不缝在围腰头的顶端

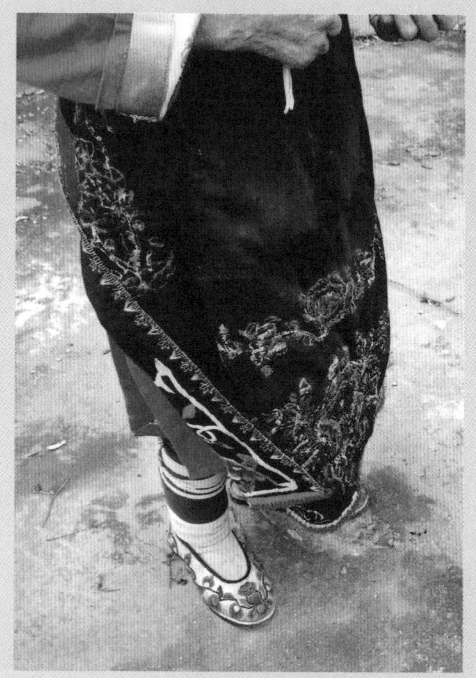

图4-60 羌族老人平时将绣花围腰反面而围，加以爱护

妇女满襟围腰呈“凸”字形，一般长90厘米，胸宽20厘米，腰宽64厘米，下摆宽74厘米，腹部仍有两个相互连接的大兜，通过锁绣、挑花、补花等刺绣工艺，形成装饰图案。如图4-61是锁绣的满襟围腰，白线在黑地的衬托下，如银丝盘结，显得十分精美。又如图4-62是补花满襟围腰的上部，用桃红色布补绣而成的如意云纹，为黑色围腰增添了喜气与活力，用红色、绿色、黄色等色点缀的小花使对称的纹样多了变化。

男子的围腰一般是黑色素面不绣花的半襟围腰，即使绣花也仅绣在腹部的两个大兜上，与妇女围腰的区别在于围腰下摆正中要开5厘米的衩，衩的上方补绣一块正方形的绣花图案（图4-63）。

图4-61　锁绣满襟围腰

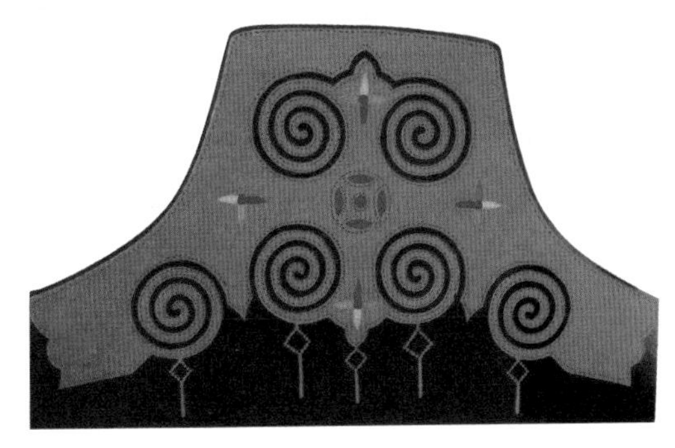

图4-62　补花满襟围腰的上部

图4-63　羌族男子的开衩绣花围腰

### ❷ 腰带、飘带、通带、裹肚和子弹带

（1）腰带：是羌族男女均要系在腰间的长带，它使穿着的长衫紧贴于身体，行动更为利落、精干，同时它也是羌族男女重要的服饰品。男子的腰带上要挂上生活用的小件物品及装饰品，如火镰（图4-64）、火石、烟荷包、小刀及骨筷（图4-65、图4-66）等。同样，妇女的腰带上也挂有随身携带的用品与装饰品，尤其盛装时要用银腰带，上面挂银质奶钩、银质大针线包等，如松潘、赤不苏的羌族妇女盛装时常系银腰带，上面镶以红、绿宝石，并挂奶钩和针线盒等银饰品，显得异常华丽（图4-67 ~ 图4-69）。日常服饰多用棉质腰带，长约280厘米，在腰间缠上两圈后在后腰打结，留下长长的腰带头穗子，长穗头上再用彩线缠成一组组小穗（图4-70）。汶川的威州、绵篪一带的羌族男女用的腰带多为织花带（图4-71），即用红色、白色、蓝色、绿色、黄色、黑色等色线做经线，白线做纬线，用原始踞织的方法织出厚实的织花带（图4-72），且装饰图案一般由24个以上的图案组成，其中主要是万字纹及其变体图案（图4-73）。

图4-64　羌族铜火镰

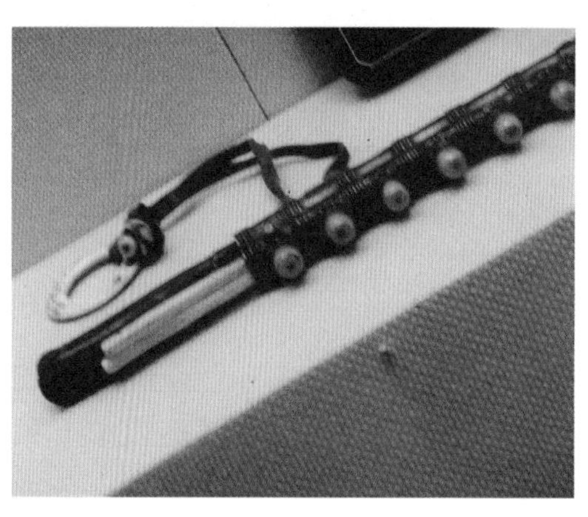

图4-65　羌族腰刀、骨筷

图4-66　腰带上挂有腰刀、骨筷的羌族男子

图4-67　赤不苏羌族妇女盛装时系银腰带

图4-68　松潘羌族妇女盛装时系银腰带

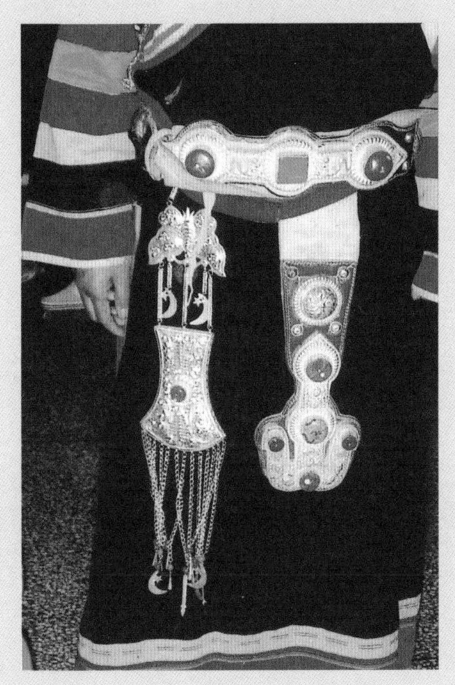

图4-69　大针线盒是松潘羌族妇女的盛装特点

图4-70　日常装的腰带

图4-71 汶川羌族妇女腰带多为织花带

图4-72 原始踞织花带

图4-73 花带多为万字纹

（2）飘带：与羌族妇女的服饰、腰带相配搭的还有两条飘带，其系于腰带在后腰的打结处，并垂于臀部（图4-74），一般长70～85厘米，宽6～7厘米。飘带多为双层，两面均绣有图案，有的用平针绣出缠枝花纹（图4-75），有的用纳纱绣出几何形花纹（图4-76），有的则用挑花绣出金瓜花、万字纹、八瓣花（图4-77）。飘带头呈三角形或平头状，其上加绣其他花纹。

（3）通带：多为羌族男子拴于腰间的带子，长165～170厘米，用双层面料做成，中间空心，可装钱物。

图4-74 羌族妇女后腰常系飘带

图4-75　平绣花飘带

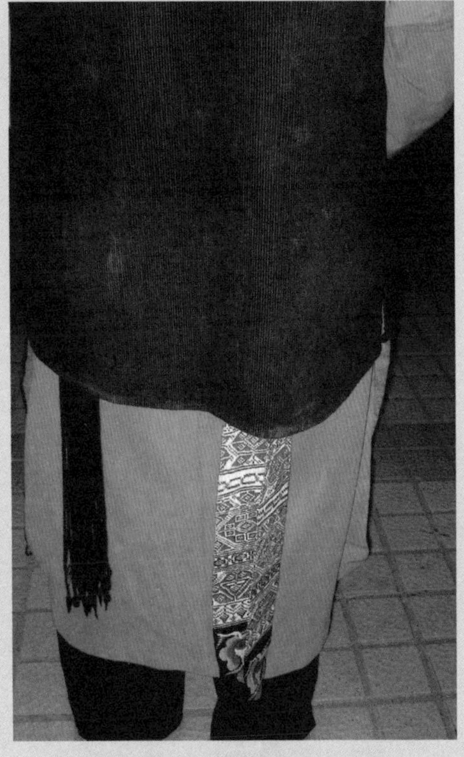

图4-76　纳纱绣飘带

图4-77　挑花飘带

两头为90°的尖角，尖角处常绣正方形图案（图4-78），按图上白色虚线处折叠、缝合成马耳状，称为“马耳朵”（图4-79），其正面如图4-80所示。男子捆通带于腰间，腰后打结，两绣花通带的带头垂于腰后，因此民间称其为“前面一杆旗，后面马耳朵”。其“一杆旗”即指将长衫前襟一角提起拴于腰间，造型如一杆旗。

（4）裹肚：又名“鼓肚子”。羌族男子将其系于腹部，既可存放钱物，又可护腹保暖。现在盛装时做装饰用（图4-81）。维城、雅都一带的羌族男子将裹肚系于腹部偏左的位置（图4-82）。裹肚一般由羌族男子的妻子绣制，呈倒三角形或梯形，上面多绣吉祥如意、长命富贵等寓意的花纹或文字（图4-83）。裹肚一般用双层蓝布、黑布、白布制作，年轻男子的则多用红布制作（图4-84），正面有绣花软盖。另外还有皮裹肚，如图4-85是20世纪40年代用麂子皮制作的裹肚，上面简练的如意云纹由红、黑二色组成，大气而美观。皮裹肚能防潮湿，便于在山里狩猎时装火药、打火石、引火的野棉花等物。

（5）子弹带：羌族曾保持了较长时期的游牧与狩猎的生存方式，男子成年时均要参加寨子的射击训练和比赛，因此，史书称羌人的民风习俗为“人好弓马，勇悍相高”“土地硗瘠，人士俊乂”。子弹带也正是源于羌族青年男子尚武的习俗。现在，子弹带已成为精美的服饰品（图4-86），其上均保留了许多绣花小口袋，上面绣有各种花草适合纹样。节庆时，着盛装的羌族男子将子弹带斜挂于胸前腰间，甚为威武（图4-87）。

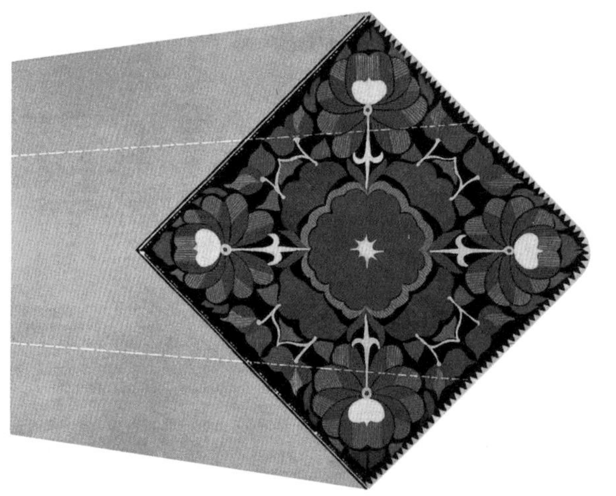

图4-78　羌族通带的带头绣正方形图案

图4-79　男子通带的带头，背面如马耳状

图4-80　通带的带头（正面）

图4-81　男子腰系裹肚

图4-82　维城男子所系裹肚

图4-83　男子挑花裹肚

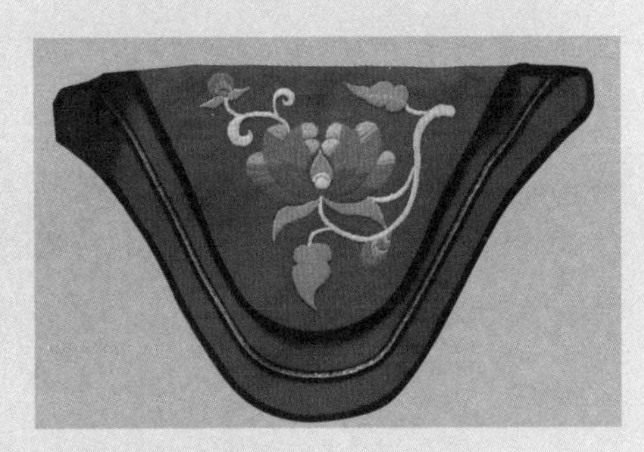

图4-84　红布绣花裹肚

图4-85　麂皮裹肚

图4-86　羌族男子的子弹带

图4-87　羌族男子盛装时，斜挂子弹带

腰带、子弹带等饰物由羌族妇女手工制作而成，是饱含情感的载体，传递着羌族女性对未来幸福的向往，对亲人的疼爱，正如民歌唱道：“麻秆线儿白生生，织根卡头（腰带、飘带）千万针，妹送阿哥拴腰间，阿妹的线儿阿妹的心。”

## 五、首饰

羌族妇女历来喜戴首饰，在四川省博物馆陈列室可以看到明清时期羌族妇女戴的银颈饰和银簪（图4-88），当时上衣均无领，盛装时需配上活动的领，领上镶钉银花。还可以看到清末民国初年羌族妇女戴的银质大耳环和银锁链（图4-89）。在日常生活中，羌族妇女均要佩戴银手镯、银耳环，发髻上插上银簪（图4-90），领口上还要饰以银花、银罗汉（图4-91）。有的羌族妇女还戴上祖辈传承下来的龙头手镯（图4-92），十分珍惜。羌族少女四个指头上都戴有银戒指，并以银链与银手镯相连接，同时还挂上小铃铛（图4-93），打扮别出心裁。传统的首饰还有称为牙签子的银饰，它挂在银链上，除牙签子外，银链上还挂有刀、剑、戟、小铃等饰品（图4-94、图4-95）。此外，牛尾寨的羌族妇女右胸前都要戴上银质的“色吴”，是约10厘米的银质八瓣花（图4-96），据称戴上它可以祈福增寿、保佑平安。

羌族妇女盛装时全身都戴上银饰和珊瑚等珠宝，如头上戴银花，胸前戴大银

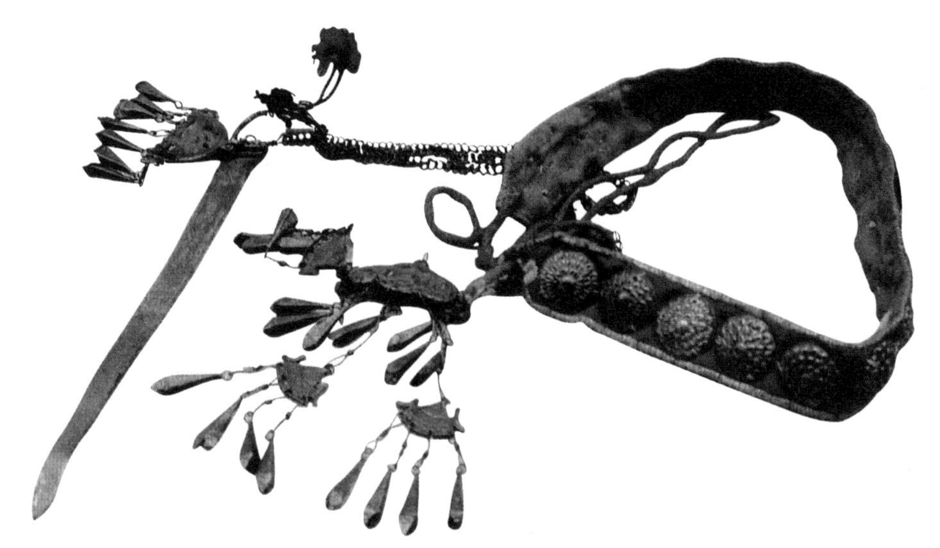

图4-88 羌女银颈饰、银簪（四川省博物馆陈列）

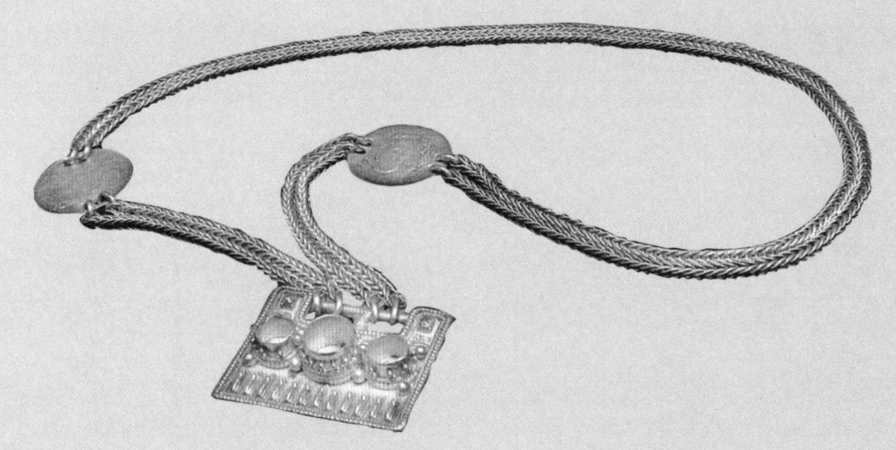

图4-89　羌族银锁链（四川省博物馆陈列）

图4-90　羌女头上均戴银饰

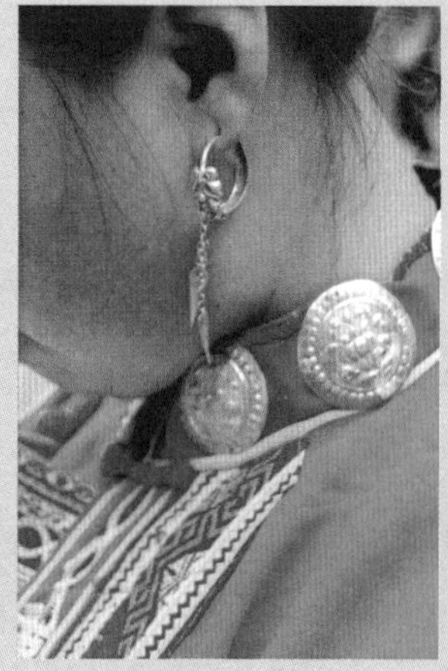

图4-91　领上饰有银花

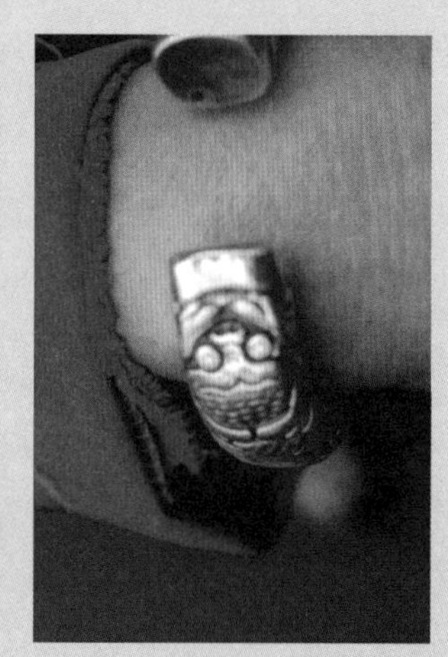

图4-92　龙头手镯

图4-93　羌族少女银戒指、银手镯

图4-94　银牙签子及其他饰品

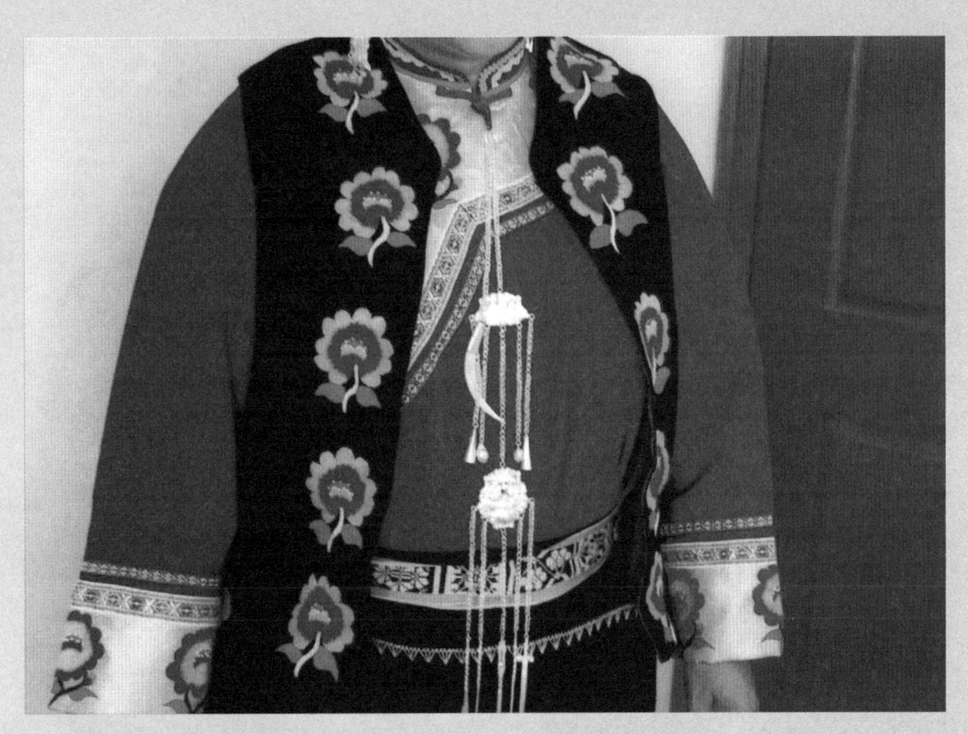

图4-95 胸前银饰

图4-96 戴在胸前的银“色吴”

项圈（图4–97），有的项圈上还挂有“色吴”“银花”（图4–98），并且戴上由十八根银链、银铃组成的大耳环（图4–99）。即使是中老年的羌族妇女，仍注意佩戴必要的银饰品（图4–100）。

羌族男子少用银饰，仅在腰带上挂上具有银质花纹、镶有玛瑙和松绿石的火镰（图4–101）以及装火药的铜瓶（图4–102），有的还挂上银刀鞘的腰刀及银质烟盒。银烟盒上的银链悬垂着多个兽牙，多为野猪的獠牙，据说具有辟邪作用。羌族男子着武装时穿牛皮铠甲，佩戴铜质腰带，显得非常威武（图4–103）。

图4–97　戴大银项圈的盛装羌族少女

图4–98　银项圈上有祈福的“色吴”

图4–99　银耳环

图4-100　中老年妇女也喜戴银首饰

图4-101　镶宝石的火镰（四川省博物院陈列）

图4-102　羌族男子的铜质火药瓶

图4-103　羌族男子的牛皮铠甲和铜腰带

# 第二节 象征性、符号化的纹样特点

羌族服饰、刺绣纹样千姿百态、丰富多彩。其纹样所表现的内容无论是花鸟鱼虫还是飞禽走兽，都包含着深刻的文化内涵和象征意义。有的纹样实际上已成为这个民族的标志和符号，深深地融入这个民族的血液和记忆之中，体现了羌民族几千年来所经历的艰险的迁徙历程，同时，也反映出生活在高山大川的生态环境中的羌族人民所积淀的审美理念和艺术创造力。羌族人民提炼出质朴厚重、剽悍、精练的纹样形态。纹样的形式美特征非常强烈，有的以厚实的块面表现，有的则是挺拔的线条刻画。各种形状的点、线、面组成了丰富多彩的鸟兽人物形象，只有具有高水平审美情操的民族才能创造出这种令人惊叹的美的纹样。

## 一、原始图腾崇拜的纹样

### ❶ 以羊、龙、猴、狗为图腾在纹样上的表现

（1）羊纹：古羌人以牧羊为业，自称为“尔玛”或“尔咩（miē）”，与羊叫声相似。羊与他们的生活紧密相连、不可分割，既是他们的物质财富，又是他们的精神支柱（图4–104）。他们以羊为图腾，将其符号化，使之成为民族的标志。直到如今，羌族服饰刺绣中最为突出的纹样是被图案化的羊头纹样，如“四羊护花”纹样（图4–105），它流传千百年，经过不断传承与提炼，已成为非常精美的纹样。羊头纹样突出，高高耸立，盘旋卷曲的两只羊角和一对温柔的大眼睛，显出羊的高贵与善良，形象鲜明，简练概括。羊头纹也常常补绣在羌人的皮背心上，黑白分明，主体突出（图4–106）。

（2）龙纹：羌人善治水，与水有关的龙是羌人崇拜的对象，并衍生为图腾。古籍记载，汶川、松潘、茂县一带的古羌人以冉、駹两个部落最大，駹“马首龙身”，传说为岷江之神。这一带不少地区以龙命名，如龙溪、龙池、卧龙、黄龙、三龙……关于龙的传说和神话在民间流传甚广，如“阿爸补摩”的神话讲述了神女姜顿梦见红龙后生下一子，头上长角，自称是天龙的后代，取名“补摩”。为了人间百姓，他向天王要来粮种，教羌民种五谷，为羌人治病，最后成为羌人的

图4-104　羌女与羊

图4-105　“四羊护花”纹样

图4-106　补绣羊头纹

领袖。深入人心的天龙之子的阿爸补摩受人爱戴，因此，羌人在服饰上留下了龙的纹样以作纪念。如图4-107是围腰上的龙纹团花图案，两条矫健的龙相对而视，看似对称，实为均衡而有变化，龙的造型简练，头和爪是着重表现的部位，张牙舞爪，富有生气。龙身则用云纹隐去，仅露出龙尾以适合于圆形中。整个纹样简洁、生动，形象鲜明，主体突出，虚实有度。如图4-108中的龙纹，虽然仅装饰在围腰的左下角，是陪衬纹样，但形态稚拙可爱，龙的特征非常鲜明。

（3）猴纹：羌绣中猴的形象也比较多，这与羌人尊崇猴有关。羌族民间传说羌人的始祖斗安珠（又称“热比娃”）为公猴，《木姐卓与斗安珠》的创世史诗述说了斗安珠到上天求婚，被一场大火烧掉了全身的毛而成为人。羌族巫师（释比）尊猴为祖师爷，有“避邪”之说（图4-109）。做法事时，也模仿猴的行走、跳跃。羌绣中的猴纹特征鲜明，如挑花围腰中的猴（图4-110），以简练的十字挑花表现了猴捧寿桃的吉祥主题，侧坐枝头的小猴伸出双手攀摘桃子，特征显著，形象可爱。又如羌绣枕帕上白地黑花的图案（图4-111），两只猴成为主体纹样，花鸟草虫围绕四周，呈众星捧月之式，小鸟、飞蛾以及地上的小昆虫均抬头注视着奔跑的猴，相互呼应，主次分明，形象生动。

（4）狗纹：古羌人中有白狗（白构）羌。《新唐书·地理志》称：“武德七年

图4-107　龙纹围腰

图4-108　狮子、龙纹围腰

图4-109　羌族巫师（释比）

图4-110　“猴捧寿桃”挑花

图4-111　猴纹绣花枕帕

招白狗羌，置维州及定廉县。”这些地方即今之理县、黑水一带。羌族史诗《羌戈大战》也提到白狗羌，称“阿爸白构是大哥，率众奔向补尕山”。(《羌族史》）因此，有的地区羌人曾以狗为图腾，当地的寺庙、寨门均雕刻有狗的纹样。传说桃坪羌族“泰山石敢当”的石碑上即为恶犬之头，可避邪（图4–112）。民间传说狗为人间带来五谷，因此新年第一件事就是喂狗。狗的形象也经常出现在羌族服饰上，如小孩多戴狗头帽（图4–113），羌人认为可保佑成长；妇女的围腰上常挑绣出狗的纹样（图4–114），形象简洁，头上竖立着两只耳朵，表现出机灵与警觉，长长的尾巴向上卷曲，显示出它与人的亲密关系。

### ❷ 自然崇拜的纹样

羌族长期生活在高山大川中，自然气候和地理环境变化，使他们对太阳、山川、树木怀着深厚的感情，并由于其充满无限神秘而被视为神灵。万物有灵自然

图4-112　桃坪羌族石敢当上有狗头图腾纹

图4-113　小孩戴狗头帽

图4-114　挑绣有狗纹的围腰

崇拜成为羌人原始的信仰，并体现在羌族的服饰纹样中。

（1）太阳纹：羌族服饰上的太阳纹屡屡出现，如“日月纹”刺绣尖角飘带头（图4-115），其上有两个圆形的纹样，一个圆形纹样的中间用黄色线绣出发光体太阳，其外用黄、红、紫色线绣出折线，代表太阳的光芒闪烁、传向四方；旁边一个圆形纹样代表光芒微弱的月亮。“日月纹”的四周配以星纹，针法简洁，形象鲜明。赤不苏一带的羌族妇女头上戴的瓦帕也绣有光亮闪烁的圆形纹样（图4-116），可能也是太阳纹，并用缠枝花相配，使之点与线相结合，更富有变化。

图4-115 “日月纹”刺绣尖角飘带头

图4-116 绣有圆形纹样的赤不苏羌族瓦帕

（2）万字纹：还有一种代表太阳的符号是“卍”（万字纹），万字纹就是太阳纹（何新《诸神的起源》）。过去有人错认为它是由佛教传入中国的，也有人认为“卍”象征火焰，是波斯拜火教对于“火”的崇拜。事实上，早在六七千年前的甘肃、青海等地的新石器时代遗址中就已经出现万字纹，如马家窑彩陶上多处出现万字纹。这一带正是古羌人繁衍生息的地方，是古羌人创造了这个符号，直到如今，万字纹不仅在羌族刺绣中大量出现（图4–117），并成为织花带中的主要纹样。

一根织花带由二三十组以上的纹样组成。据说这些图案是古羌人记事的符号，有特定的含义；也有说是古羌人已经失传的文字，至今羌族妇女称“织了多少图案”为“织了多少‘字’”，并称万字纹（“卍”）为“五字”；也有说“卍”是“巫”字的变体，3000多年前甲骨文中的“巫”写成“卟”，因古代传说“巫”最早是太阳的信使，因此，“巫”字与甲骨文“卍”字相近，总之与人类太阳崇拜有关，它代表了太阳，是古羌人太阳崇拜的体现。

（3）云纹：在羌族服饰刺绣中常见云纹，其形象源自他们生活中打火的火镰。曾以游牧为生存方式的羌族，火是至关重要的。现在有的羌族男子，仍随身携带火镰（图4–118），与火镰相连接的是一个小皮包，内装白色石英石和野棉花（引

图4–117　万字纹在羌绣中大量出现

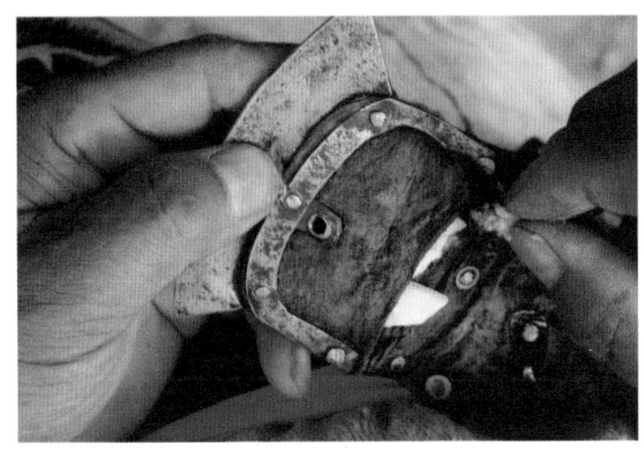

图4-118 羌人随身携带的火镰

图4-119 云云鞋

火用）。羌人创造了火镰纹，火镰纹演变为云纹，成为羌族鞋面上的主要纹样，绣有云纹的鞋也被称为“云云鞋”，如图4-119中的云云鞋，在鞋的后跟有两组相对的火镰纹，鞋尖处有云纹与之呼应。除云云鞋外，羌族服装的开衩和下摆以及背心上也常装饰云纹（图4-120）。

（4）树纹：每个羌寨都有一片茂密的神树林，图4-121即为牛尾寨的神树林。据当地人说，神树林里不能放牧和砍伐，若对神树林不尊敬，就会有天灾人祸，五谷歉收。羌族古歌称：“顶大的是天和地，天地之后神林最大。”并尊神树为“生命之神”，对柏树、杉树尤为尊崇。羌族史诗中述说，为儿女办喜事要“在房背上，拴羊毛的地方，拴上羊毛。插杉木丫丫的地方，换上新杉木丫丫”。羌族《啊日耶（排神位）》中唱道：“柏树枝条神前敬，柏树枝条神前插。”据称，杉树、柏树是联系上天神灵的神，重大祭祀时要燃起柏树枝，称为“烧烟烟”，以此通知上苍。柏树枝、杉树枝也成为服饰刺绣中重要的纹样——柏树纹、杉树纹，如图4-122是挑花围腰图案，其上部的两侧是相间排列的柏树纹与八瓣花，下面圆形适合纹样的两边是杉树纹。杉树纹突出针状叶，线条从长到短，非常整齐，对称而有序的排列表现出杉树枝叶富有韵律美的特点。用大量的杉树纹作为围腰上的挑花图案，也是图4-123的特点，围腰下摆的杉树纹组成花边，有很强的节奏感。将杉树纹与狮子纹组合在一起的挑花图案也很美，如图4-124所示，直立的杉树上端有呈90°分叉的杉树枝，两侧是水平状的一对小狮，形式感很强，具有强烈的装饰意味。

图4-120　长衫开衩处的云纹图案

图4-121　牛尾寨的神树林

图4-122　柏树纹、杉树纹围腰

图4-123　杉树纹羌族挑花围腰

图4-124　杉树纹、狮子纹的组合

（5）羊角花：在众多羌绣中，羊角花纹样最为突出，在围腰、头帕、飘带上均要绣上羊角花（图4–125）。其纹样特点是花朵硕大，多呈五瓣状，几朵花组成一束，叶为尖叶，这与实际生活中的羊角花比较接近。羌人称的羊角花其实为高山杜鹃（图4–126），一般生长在海拔两三千米以上的山上，虽然高寒贫瘠，但是能开出艳丽的花朵。高山杜鹃比一般杜鹃花的枝干高大，花叶硕大肥厚，花瓣上也有点点花纹，如传说中的"杜鹃滴血"。羌族民歌称：天下最美羊角花，朵朵开在尔玛家。羌人非常看重高山杜鹃，因为他们认为它与人类起源有关，在《羊

图4-125　羊角花纹的围腰

图4-126　高山杜鹃被羌人称为“羊角花”

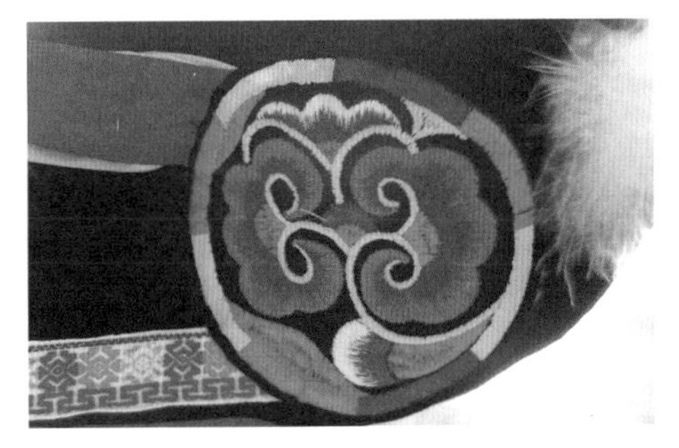

图4-127　帽上弯如羊角的羊角花

角花的来历》传说中称天神阿爸木比塔用羊角花的树干削成九对小木人……从此世上才有了人种。与此相似的传说在彝族中也有流传，彝族称高山杜鹃为“马樱花”，认为它是先祖的化身。云南楚雄一带的彝族还用高山杜鹃木制作祖先灵牌，并以灵牌来认同宗同祖。羌人又称羊角花为“姻缘花”，传说古时羌人群婚的原始生活触怒了天神，派出女神俄巴巴西到杜鹃花丛中，让投胎的男女必经她处，并各得一羊角，凡得同一头羊羊角的男女，方能结为夫妻。此外，在羌绣中亦出现弯如羊角的花纹，也称“羊角花”（图4-127）。

## 二、花鸟等动植物纹样

### ❶ 动物纹样

羌绣中有不少鸟的纹样，体现了百鸟荟萃的羌绣特色。其鸟纹包括人们常见的凤鸟、白鹤、锦鸡，此外还包括一些小鸟。羌绣中的鸟纹表现得活泼可爱、富有生气，具有独创性。

如凤鸟绣花飘带（图4–128），用五彩色线绣成，色彩亮丽，凤鸟造型生动，突出凤鸟飘逸的三条尾羽，与左右翻转的牡丹花以及波纹状的枝干相互呼应。虽然纹样是在窄窄的飘带上，但仍具有饱满、丰富的构成效果。

挑花“凤追凤”是羌绣中常见的纹样（图4–129），四只凤鸟以顺时针方向展翅飞翔，昂首向前，并拍打着双翅，尾羽上翘，形象优美地穿插在牡丹花与藤蔓纹样之间，自然地适合在圆形之中，与正中八瓣花的方形图案形成对比，产生圆中寓方的效果。

“鹭鸶采莲”是袖口裤口上的绣花纹样（图4–130），简练的针法绣出鹭鸶飞翔的姿态，特点是长嘴、长颈，口含莲花，下垂灯笼、长穗等，更显出鹭鸶矫健的美。

羌绣中也常以锦鸡（雉）为纹，且表现得非常生动。如图4–131所示，锦鸡的长尾舒展地飘动在身体的上方，非常突出，双爪卷缩，似乎将跃然而起，其动

图4–128　凤鸟绣花飘带

图4–129　“凤追凤”挑花

图4–130　“鹭鸶采莲”纹

势耐人寻味。挑花的锦鸡纹样突出对翅膀羽毛的表现，如图4-132所示，通过展翅飞翔的造型，表现其斑斓的羽翼，非常美丽。

图4-131　牡丹锦鸡纹

图4-132　锦鸡纹挑花

在以鸟为纹的羌绣中，除了重点表现翅膀羽毛外，突出鸟的嘴和爪也是羌绣中鸟纹的又一特点，如图4-133所示，鸟具有强烈的生命力，除了依靠翅膀还要依靠嘴和爪，因此，嘴和爪也是它重要的形象特征。

羌绣中的小鸟非常可爱，如图4-134是一群飞翔的小鸟，翘着尾巴，昂首向前，突出其振翅而飞的特点。又如图4-135被称为“玉鸟护榴”的挑花图案，两只娇小的玉鸟仅用一二十针挑出，造型简洁，形象生动，尤其是尖嘴显示着蓬勃的生机。与之相反的是静静站立在枝头上的小鸟（图4-136），小鸟分别立于寿桃两侧，身体由倒三角形组成，但鸟背在一条水平线上，因此给人稳定感与平静感。

除各种鸟纹外，狮子纹样在羌绣中也不少，且有大有小。如图4-137所示，小狮虽然刻画不多，但是仍显出憨态可掬的模样。而图4-138中的大狮则采用大胆夸张的处理，正面的头、侧面的身子、上翘的臀部与尾巴，都显露出精神十足，并用万字纹、十字花、网格纹对大块面的狮身进行填充处理，有强烈的装饰感。

图4-133　鸟纹挑花

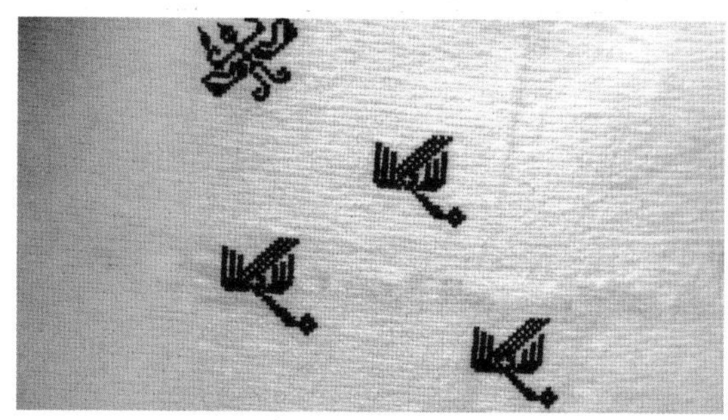

图4-134　飞翔的小鸟纹

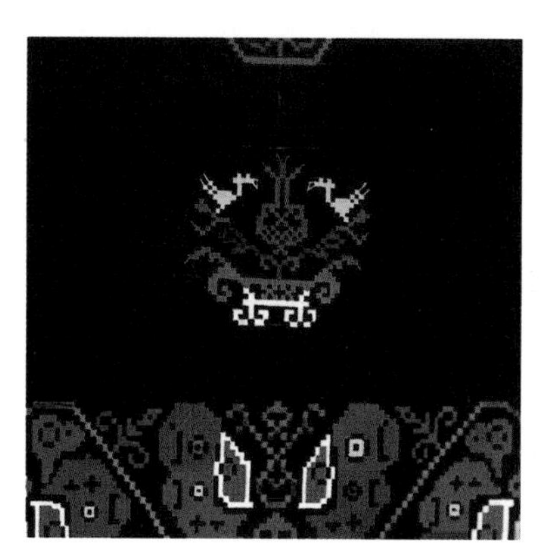

图4-135　“玉鸟护榴”纹

图4-136　枝头的小鸟纹

图4-137　小狮纹

图4-138　夸张的大狮纹样

## ❷ 植物纹样

牡丹纹在羌绣围腰、头帕中较多，如图4-139中的黑白挑花围腰，牡丹与花瓶组合在一起，取其富贵平安之意。图4-140是缠枝牡丹纹，为三龙羌族妇女头帕上的纹样，牡丹花形态生动，正侧反转，变化多端，而且从盛开到含苞待放均有表现。图4-141为牡丹纹挑花围腰，牡丹位于正中，在凤、桃、佛手以及金瓜的衬托下，更显出雍容华贵的特点。此外，牡丹是大块面的黑白色彩，其四周环绕的枝蔓是灰色调，这与凤鸟、桃、佛手的深色调相互呼应而呈现出层次变化，图案的各个组成部分相辅相成而相得益彰，是形象丰富、组合完美的优秀图案。

菊花纹样多是几何形，不管是八瓣菊还是复瓣菊，均呈放射状。有的八瓣菊的花瓣上装饰有十字纹或万字纹，产生出更丰富的变化。图4-142挑花围腰下端的圆形菊花适合纹是由三种菊花纹组成，菊花纹既有正面也有侧面，既有单瓣又有复瓣，既有块面也有线条组合，其形象可谓多姿多彩。围腰中部有一条折线为骨架的二方连续纹样，称为“桂花纹”，意为“富贵”而取其吉祥。图4-143则是带有色彩的挑花菊花，其形象比前者更加简练、单纯，但通过色彩变化使之产生画面丰富、对比鲜明的美。

石榴纹在羌绣中是重要的纹样，因石榴具有“多子”的寓意而深受羌人喜爱。

图4-139　牡丹纹

图4-140　缠枝牡丹纹

图4-141　牡丹纹挑花围腰

图4-142　八瓣菊花围腰

如图4-144所示，羌绣中的石榴纹非常美，一是外形处理好，扁圆形的石榴主体与顶部（原花心花蒂处）尖端的组合既流畅又有对比；二是形象刻画细腻，既有虚实对比又有点、线和面的变化。具体表现为，石榴顶部的尖端是如冠状的花纹，其向上挺立，与圆形石榴主体之间留有黑色粗线，其间又用白线组成过渡的灰色块面，从而使顶部向下形成白、灰、黑的色彩渐变。石榴主体以白为主，用花中套花形成变化。又如图4-145所示，这是锁绣满襟围腰的上部，表现了珠光宝气的石榴纹，石榴处于正中，两侧配以丰满的榴子，象征子孙延续不断，人丁兴旺。

此外，与石榴有着同样寓意的金瓜纹也是重要的羌绣纹样，并且往往搭配蝴蝶纹。如图4-146是锁绣金瓜纹，以线为主，用少量的点和块面使之富有变化。

图4-143　八瓣菊花纹

图4-144　石榴纹

图4-145　锁绣石榴纹

图4-146　锁绣金瓜纹

## 三、几何纹样

羌绣中有大量的几何纹样，即以直线、折线、方形、圆形、三角形等为构成元素，通过各种组合、变化，形成画面。

如被称为“围城18层”的图案（图4-147）是羌绣中的优秀图案，如棋盘一样的中心纹样，被白色的线分割成多个整齐的方形，从中心至四周都有层层小方形包围，因而被称为“围城18层”，这不禁让人联想到历史上羌人无数次的征战与牺牲，其寓意非常深远。虽然中心纹样只是一种几何形的变化，但是空间广阔，采用成组的斜线来分割块面，并加以巧妙的色彩处理，使图案呈现出层出不穷的变化，具有强烈的节奏感和鲜明的形式感。

图4-148也是几何形挑花图案，中心纹样以正方形为基本形，层层相套，逐个展开，色彩采用对比强烈的红、橙、蓝三色，并用黑色线相间隔，再以白色块面进行衬托，从而使中心纹样非常突出，并且规整中富有变化，对比中求得统一。中心纹样的外层被分割为十个块面，除两个为正方形外，其他均是多边形，同时采用轴对称的设计，使对称轴两侧的块面的基本形相同，且每个块面中均有一个正方形块面和十字纹，显然正方形成为了基本形，通过对正方形的应用，使各个

图4-147　绣有“围城十八层”图案的挑花围腰

图4-148　彩色挑花几何纹

块面相互关联，具有统一感。角花与边花虽然看似自然形，如蝴蝶、小鸟等，但已经抽象化，呈现出几何形态，并且处于陪衬地位，并未干扰主体纹样。

## 四、创新纹样是古老羌族服饰、羌绣中的亮点

羌族妇女，尤其是羌绣技艺传承人，对于在纹样中表现新鲜事物有着非常强烈的热情，她们力求通过纹样的创新使羌族服饰、羌绣能够有新的变化，并吸收其他艺术作为自己创作的灵感。

现在，羌族妇女还创作出一批表现现代生活的绣品，如省级羌绣传承人王路琼创作的挑花壁挂《碉楼人家》，壁挂局部的人物形象非常生动，富有装饰性（图4-149）。又如图4-150中的"喜鹊登梅"，两只喜鹊组合关系较好，形象刻画得生动细腻，若枝干装饰性再强些，花和树干的色彩再浅一些，效果就会更好。

羌人喜着背心，它是其重要的服饰之一，但传统的背心款式都大同小异。而羌绣省级传承人李兴秀通过传统纹样的创新，设计出一批具有现代审美特点的背心，如图4-151所示，背心的主体纹样以传统云纹为基础，形成直线和折线的云

图4-149 《碉楼人家》壁挂局部

图4-150 喜鹊登梅

图4-151 具有新意的羌绣背心

勾纹，在胸前正中以补花绣在黑布上绣蓝色块，并镶以红边，在黑色地的衬托下艳丽无比。在中心纹样外又镶以粗细两条白地花边，皆以线条组成，纹样硬朗、挺拔、鲜明。此外，羌族男子的盛装喜欢采用回纹（又称“富贵不断头纹样”）组合，虽然是在传统服饰上装饰传统纹样，却通过巧妙的装饰手法，赋予其创新感，如图4-152所示，纹样装饰在前襟、两肩、袖口和下摆上，强烈鲜明的黑色和黄色直线组成的纹样，在白色的服装上更显刚健有力，衬托出羌族男子威武、阳刚之美。

图4-152　创新的羌族长衫

## 第三节　浓重华美的色彩特点

羌族服饰、刺绣的色彩对比强烈、浓重华美，给人留下深刻的印象。在服饰刺绣的各种因素中，色彩是第一要素，是最敏感的因素，被称为“第一眼”，即最抢眼的，故有“远看颜色近看花”的说法。因此，服饰、刺绣的色彩搭配成功与否，成为首要问题。

色彩与光波紧密联系，有光才有色，物体的色彩不同是因为其吸收和反射光的电磁波程度不同，因而呈现出赤、橙、黄、绿、青、蓝、紫等十分复杂的色彩现象。在服饰、刺绣或其他纺织品中，通过色块的并置与搭配可产生奇妙的色彩美感，这是源于色光的混合作用。色光的混合又称“加色混合”，其规律是色光混合得越多，由于光量度相叠加，因此越亮。红光、绿光、蓝光是色光的三原色，当红光加蓝光时产生品红光，蓝光加绿光时产生湖蓝光，红光加绿光时产生黄光（或橘黄光），红光加绿光再加上蓝光则产生白光。

在羌族服饰和刺绣中，常通过色彩并置与搭配产生色彩美，这主要因为色块并置后产生了色光混合，提高了色彩明度，从而显示出明快、亮丽的色彩美，犹如新印象派的点彩画法以及马赛克镶嵌的壁画，多种色块并置产生了色光混合的效果。羌族服饰和刺绣的色彩配搭离不开黑色和白色，此二色是重要的色彩，甚至是主要的色彩，因为黑白二色与任何色彩相配均能达到和谐的效果。

此外，色彩的应用还受到民族信仰、习俗、好恶的影响与制约，古羌人有崇拜白石的信仰，因此对白色尤为喜爱。盛装时多着白色，如六月初六赶土门石王爷会，小伙子穿白布汗衫和白长裤，可谓“一身白”。牛尾寨的男子穿白色毪子长袍，打白色绑腿，仅有少量红、绿边饰作点缀（图4-153）。羌人亦尚红，被羌人尊为始祖的炎帝又称“赤帝”，赤即红色。羌人至今逢喜事皆要披红、戴红、挂红。不少地区的羌族妇女多着红色长衫、红色长裤，并打红色绑腿，这些都是历史的遗存。

图4-153　一身白的羌族服饰

## 一、巧用白色，使之成为羌族服饰和刺绣的灵魂

白色在羌族服饰中除了大面积使用外，有时用量也较少，由于它是高明度的色彩，因此往往起着画龙点睛的作用。如被称为“白头羌”的黑虎寨妇女以两条白帕包成高耸于头顶的“将军帕”，形成全身服饰的“关键点”（图4-154）。又如牛尾寨的羌族妇女将白色运用得恰到好处，仅在围腰头和领口有白色（图4-155），虽然面积不大，但是在黑背心的衬托下十分耀眼。白色还使红长衫与红、绿、黄、蓝对比强烈的绣花围腰显得统一协调。

在羌族刺绣中，白色运用也非常巧妙，真可谓“惜墨如金”，点到最关键之处。羌族绣品多在黑色地上绣花，大量的红、绿等色的纹样，其色彩明度较为接近，但白色出现在绣品上，打破了沉闷，突出了画面。

图4-154　黑虎寨“白头羌”的“将军帕”

图4-155　牛尾寨羌族妇女

如图4-156的中心绣有八瓣花，仅一个花瓣是白色，与其相对称的另一瓣则用黄色与之呼应，在不对称中求得平衡。而图4-157中的绣品则将白色用于关键点，如蝴蝶的触须或一对大翅膀的前方，使形象轮廓更明显或方向感更突出，但白色仅点缀于局部而非整体，形成富于变化、跳跃生动的点缀色彩。

图4-156　八瓣花羌绣图案

图4-157　蝴蝶羌绣图案

## 二、热烈喜气的红色

在喜庆节日，红色服饰成为羌族妇女最好的选择（图4-158），尤其是茂县沙坝以北的地区喜着红色长衫，并且在服饰的色彩搭配上非常巧妙，常用黑色头帕、背心、腰带和黑色围腰“镇住”了大面积的红色，使其不因面积大而显得燥辣，全身色彩达到了协调（图4-159）。

一位羌族大妈向我们展示了她三十多年前结婚时的婚礼服，这件婚礼服自从结婚时穿过就再未穿，成为珍贵的纪念品（图4-160）。婚礼服由红色咔叽布做成，门襟、下摆、袖口均镶滚了七八道边，其色彩搭配非常考究：最外层滚一条细黄边，紧接着是一条宽黑边，第三条是天蓝色的细边，第四条是以黄色条在红色地上组成的“富贵不断头”的回纹宽边，第五条是天蓝色锯齿形的细边，第六条是黑色地上有红、绿点的小花边，第七条则是白色地红、黄、绿花边。这里不再赘述其吉祥寓意的内涵，仅就色彩进行分析：宽黑边对众多色彩起到统率作用；黄色回纹与红色地的组合产生华丽明亮的美，民间称“红配黄，亮晃晃”；最外层一

图4-158　羌族妇女多着红色服饰

图4-159　黑色头帕、背心与红色长衫的搭配

图4-160　红色婚礼服上的色彩

道细黄边既与回纹宽边起到色彩呼应的作用，又增加服装精致工整的美感；回纹宽边两侧均点缀天蓝色花边，天蓝色非常重要，是不可缺少的色彩，既衬托黄色回纹，使之更加艳丽，形成冷暖对比，也使整件红色服装多了一个冷色对比；黑色地小花边虽然不明显，但与宽黑边有了呼应；最后一条白色地花边虽花纹浅淡，但使整体色彩趋于明快。总之，这件婚礼服配色非常精细，反映了羌族妇女深厚的色彩审美修养。

当我们在高山深谷中进行田野调查时，寒气袭人，迎面却走来腰上缠着如火一般的红色腰带的羌族妇女（图4–161），红色给人们、给整个山谷带来了温暖、希望与吉祥，这也正是羌人喜爱红色的最好的诠释。

茂县永和乡的羌族妇女喜穿蔚蓝、粉绿色服装，但两腿要打上红绑腿（图4–162），红绑腿的色彩搭配很有学问，靠近脚踝的部位先缠白色布（由毪子或麻布制成），使之与黑鞋形成对比，然后在小腿部位缠上红绑腿，最后系上蔚蓝色的绑腿带，以与身上穿着的蓝长衫相互呼应。白色、红色和蓝色的色彩配搭非常美。

图4–161　寒气袭人的天气中扎起耀眼的红腰带

图4–162　茂县永和乡打红绑腿的羌族妇女

## 三、黑色是服饰、刺绣中不可缺少的色彩

羌族妇女着装色彩运用大胆，保留了长期生活在自然生态环境中形成的色彩观念——鲜艳、明快、对比强烈的特点。黑色是羌族服饰中不可缺少的色彩，既可统一协调对比的色彩关系，又可作陪衬，使整体色彩更为明快。永和乡的羌族妇女喜爱穿着粉绿色外衣，外穿黑背心、系黑围腰，黑色围腰上绣大朵红花，服饰中的黑色对全身红绿对比的色彩起到协调作用（图4–163）。桃坪羌族妇女喜穿群青的长衫，其边镶饰中黄色绣花宽边，色彩对比强烈（图4–164），但围上黑色围腰，外套黑色背心后，明亮的中黄色花边仅在胸口和两袖口露出，具有画龙点睛的作用（图4–165）。赤不苏一带的羌族妇女以爱着红色长衫而闻名（图4–166），但穿着红衫时必须配上黑色腰带，鲜艳的红色因为有黑色的搭配而显得沉稳、庄重。

羌族刺绣多以黑色为地，黑色成为主色调。如男子用的金黄色绣花通带，两端绣花的带头亦用黑色地（图4–167）。彩色的羌族刺绣，不仅需要黑色来协调，也常常要用白色来搭配，黑、白二色犹如重音符，打破了平静，增强了节奏，如“万字菊花”黑色挑花围腰（图4–168），黑色地上，白色虽以不对称的方式添加在

图4–163　黑色对色彩对比鲜明的服饰具有重要作用

图4–164　黄、蓝对比的服饰

图4–165　黑色背心协调服装整体色彩

图4-166　穿红色长衫必系黑腰带

图4-167　黑色地的绣花通带带头

花瓣上，但在色彩的变化和呼应中求得一种平衡，如左边有一白色花瓣，右边用一白色万字纹与之呼应。图4-169中的挑花色彩也是按此原理进行配搭，产生了很好的视觉效果。

图4-168　“万字菊花”黑色挑花围腰

图4-169　彩色刺绣中的黑白二色

## 四、色彩秩序化的和谐之美

羌族刺绣喜用对比的色彩，尤以红绿对比色为多，似乎很难协调。但羌族妇女刺绣配色非常讲究，常常按照色彩的明度进行排列，即不分色彩的色相，而以色彩的明度高低为准，将色彩从高明度到低明度（从浅到深）或从低明度到高明度（从深到浅）进行排列、推移。这种色彩搭配方法使整体色彩秩序化，从而产生强烈的韵律感，达到和谐之美。

如图4-170所示，这是赤不苏一带羌族妇女戴在头上的瓦帕绣花图案，图案分为上下两段，上段以骨架为45°网格的二方连续图案为主，图案以正方形为一个单元纹样，并按其色彩的明度高低进行排列。排列时，先从外层向中心展开，最深的是黑色，其后是豆绿、粉红、黄、朱红，然后是白色。之后又从浅到深，先粉红、黄，再到朱红。红、黄、绿等色虽然色相不同，但按明度高低的秩序排列后产生了和谐美。瓦帕下段的绣花图案也是以二方连续图案为主，它以八瓣花的单元纹样为中心，八瓣花之间衬以从绿到红、白等色的小方格，与上段图案的色彩处理手法一致。

羌族刺绣中的参针绣是一种将色彩秩序化的典型刺绣手法，如图4-171所示，采用参针绣，使花瓣色彩呈现从深到浅的渐变效果，使之既有变化又相互统一。

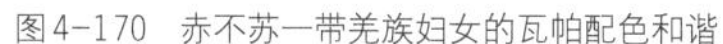

图4-170　赤不苏一带羌族妇女的瓦帕配色和谐

图4-171　色彩的退晕推移

# 第四节　饱满丰韵的构成特点

羌族服饰刺绣纹样构成饱满而富于变化，丰韵而错杂有序。羌族妇女以服饰和刺绣显示出自己的智慧与才华，体现出对美的感受与表达能力，并以服饰和绣品为情感的载体，传达对亲人的情思，因此绣品内容丰富、构成饱满。羌族妇女看重绣品的整体构思、布局和表现。

羌族围腰是全身装饰的重点，是羌族刺绣的集中体现，纹样构成非常完整而严谨，犹如一篇优秀的文章。西汉大辞家司马相如曾以蜀锦编织交错、严密有序的经纬组织来比喻写诗作赋：“合纂组以成文，列锦绣而为质，一经一纬，一宫一商，以赋之迹也。”同样，羌绣围腰纹样的组合也严谨而巧妙，具有主次分明、相互依存、呼应有序、虚实相衬的特点，并将分散在各个局部的纹样都恰到好处地组合在一个整体中，使之围绕在以大兜图案为核心的四周。图案核心多为“升子印”（即方形的单独纹样）或“火盆花”（即宽边方形图案内套有圆形适合纹样），围腰上端有“牙签子”纹样（即有穗的纹样），两侧有“灯笼须”“吊吊花”纹样，围腰下部是大花盆纹样或升子印纹样，其边用“缸钵边”的边花，两角用花卉纹兜角。一条绣花围腰有的竟将二三十种图案组合在一起，由于有主有次，有聚有散，有虚有实，有大有小，结构巧妙而相得益彰。

羌绣多装饰在显眼之处，以便于将绣品全部展示出来，穿戴时也必须使绣品得到全部展示，这也是绣花围腰系带不能缝在围腰头的两端，而要缝在离两端5~6厘米处的缘故，如此才能将围腰上的绣花纹样全面完整地展现出来（图4-172）。又如羌族瓦帕的纹样分成上下两段，中间一般没有绣花，这是因为发辫要缠在瓦帕中间，因此，中间不必绣花（图4-173）。云云鞋、绣花鞋的鞋尖和鞋跟是加固的重点，因此，需要用千针万线使其更加牢固（图4-174）。

羌绣也多绣在服饰易磨损之处，使之牢固而耐用。如在长衫的领缘、大襟下摆、袖口、门襟以及开衩处（图4-175），以重重叠叠的花边和刺绣让其更加结实，并且也更加美观。

图4-172　围腰系带没有缝在围腰头的两端

图4-173　上下两段图案的瓦帕

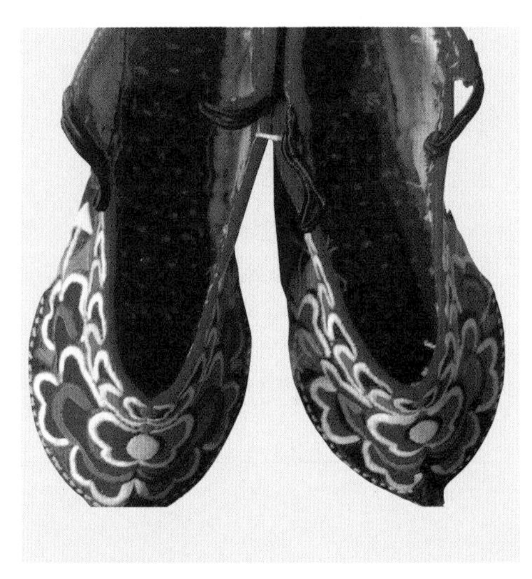
图4-174　绣花后的鞋尖更牢固、坚实

图4-175　开衩处的纹饰

# 第五章 羌族有代表性的区域服饰特征

羌族服饰具有独特的款式而成为识别该民族的重要标识。其服饰既反映了羌民族深厚而悠久的历史遗存和文化内涵，又是羌民族文化心理结构的对应品。一方水土养一方人，“水土”就包括了自然生态环境与社会生活环境。“水土”会影响人们生活方式的形成，其中也包括服饰。适应自然生态环境而形成的羌族各地区服饰，其文化生态特点表现得尤为突出。羌族生活的区域，其最高海拔5500多米，最低海拔则为500米，大部分地区为高山峡谷，其中雪山林立、峰峦重叠、悬崖峭壁、河流湍急，且温差变化大，交通不便。过去从都江堰到松潘的灌松茶马古道就要经过“三垴九坪十八关”。高山河流的分割，使各地区的羌族服饰形制大体相同而又形成众彩纷呈的特点。

羌族传统服饰的基本形制为：男女均包头帕，穿长衫，男衫过膝，女衫长至脚背，长衫外套羊皮坎肩，俗称“羊皮褂褂”。下穿长裤，打羊毛织成的毪子绑腿或麻布绑腿。男女老少均穿绣花鞋或云云鞋，腰系腰带、通带、绣花围腰，男子还系子弹带、裹肚。

现在，羌族男子多着汉装，但在盛大节日，尤其是茂县以北地区，仍保留着羌族传统服饰。由于古羌人从大西北历尽艰辛、长途迁徙到四川西北，其披荆斩棘、浴血奋战的经历使羌族男子在审美追求上以强悍英勇、豪迈洒脱的奋斗精神为美，在服饰上也鲜明地表现了这个特点，尤其是羌族祭祀性舞蹈《跳盔甲》中的舞者，他们身着牛皮、牛角制成的铠甲、护臂、皮靴、藤盔，体现了羌人对刚毅美的追求（图5-1）。男子盛装时横挎子弹带，手握腰刀，这都是战斗经历的遗存。

图5-1　身披盔甲的羌族男子

羌族妇女服饰变化较多，不仅各区县有所不同，甚至以村寨为单位形成各村的服饰特点，正如她们自己形容的：“隔山一个打扮，隔水一个语言。”根据我们在羌族地区的田野调查，羌族有代表性的区域服饰主要有茂县地区的黑虎寨服饰、三龙乡服饰、松坪沟牛尾寨服饰、永和乡服饰、赤不苏以及黑水县知木林地区的服饰；汶川地区的萝卜寨服饰、羌锋寨服饰、布瓦寨服饰；理县地区的桃坪乡服饰、蒲溪乡服饰；松潘地区的小姓乡服饰。

## 第一节　茂县地区的羌族服饰类型

茂县是全国最大的羌族聚居区，全县10余万人口，其中90%是羌族。早在商代至春秋战国时期，这里已被进入岷江上游的古羌人开发，称为“蜀山氏”，系冉、駹等少数民族居住的中心。秦武王元年（公元前310年）在松潘、茂汶等地置湔氐道。汉武帝元鼎六年（公元前111年）在冉駹地置汶山郡，下设绵篪、汶江、广柔、蚕陵、湔氐五县。唐代统治者称茂县一带的羌族为“白狗羌”（或“白狼羌”）。今茂县县政府所在地凤仪镇历史悠久，早在唐代即筑城，清康熙年间两次整修内外城，如今南城门犹存（图5-2）。

茂县地处青藏高原与川西平原的过渡地带。北有岷山山脉，东有龙门山山脉，

图5-2　残存的茂县南城门

西有邛崃山脉，地势西北高，东南低。山脉多在4000米左右，交通不便，历史上有“蚕丛栈道险，悬筒渡索难”的描述。流经茂县的主要河流岷江发源于松潘北部的弓杠岭，经由茂县太平乡牛尾寨山下进入县境，然后贯穿于全县三区十乡。岷江也是古羌人进入茂县的天然河谷通道，成为从新石器时代以来形成的“藏彝走廊”，它积淀着丰富的历史文化，记录了古羌人成长发展的历史。茂县即为走廊地带的一颗闪亮明珠。2006年发掘出的茂县营盘山新石器时代文化遗址，有专家称它代表了“藏彝走廊”地区文化发展的最高水准。遗址位于茂县城西南2.5公里处的岷江东南岸台地，背靠高山（九顶峰），面向岷江河谷，三面被岷江环绕，正符合古人所追求的“曲水聚财”的理念（图5-3）。遗址总面积15万平方米，出土文物近万件，其中最突出的是数量众多、造型精美的彩陶器，以细泥红陶为主，质地细腻，造型线条优美，装饰手法多样。有的陶罐采用编织纹构成其地纹，上面堆塑浮雕横条箍带，断断续续的横条稀密有致，有很强的节奏感（图5-4），从中可以感受到当时古羌人不仅制陶和纺织技艺达到较高的水平，而且具有很强的审美意念。又如宽边大耳的双耳陶罐（图5-5），其罐耳部的一端与罐口连接，另一端在罐口腰腹间，其造型既有羊头双角卷曲的韵味，又如妇女舞蹈时双手叉腰的舞姿。罐子的腹部还饰以对称的浅浮雕螺旋纹，其弧线与双耳的弧线相互呼应，造型与纹饰浑然一体，达到完美的境界。我们还可以发现彩陶器上彩绘的纹样有：花草、流水（图5-6）、蛙纹、鸟纹，纹样的结构和纹饰风格与甘肃马家窑新石器时代遗址出土的彩陶极为相似。营盘山陶塑人面像（图5-7）与大地湾遗址出土的仰韶文化庙底沟类型人头形彩陶瓶上的陶塑人像相似。可以看出在这里生活的族群正是来自遥远的大西北古羌人。此外，还出土了多种玉器，如首饰玉环、玉镯（图5-8）、玉珠以及礼器玉璧、玉璜等，工艺细腻，显示出古羌人出色的琢玉水平，史书有记载古羌人多将玉器销往中原。出土的玉刀背部有双孔（图5-9），以固定把手。羌人以玉刀剥离兽皮，得到称为“织皮”的连毛绵羊皮，并作为商品输往华夏。另外，还出土有石纺轮（图5-10），用来搓捻质地较硬、纤维粗的麻、毛纤维。从营盘山新石器时代遗址发掘出的纺轮以及彩陶器上出现的布纹、网纹等编织纹样中可以看出，当时古羌人不仅以皮毛为衣，还能将麻、毛纤维捻线并织成服装面料。营盘山遗址还发现涂有红色颜料的石块与陶器，经测试分析，红

图5-3　营盘山新石器时代遗址

图5-4　堆饰条纹罐

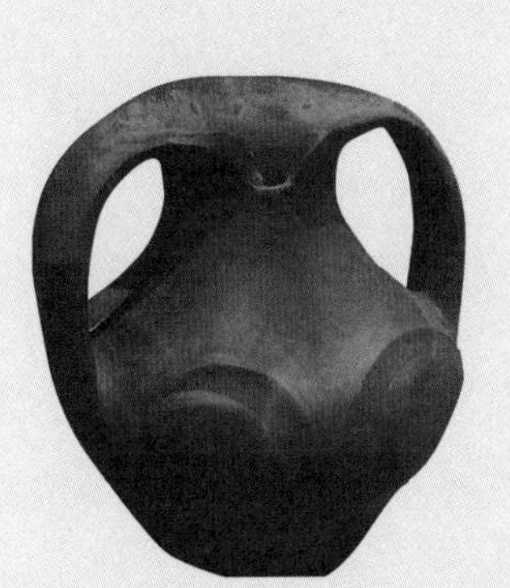

图5-5　双耳陶罐

图5-6　与马家窑彩陶近似的流水纹彩陶罐

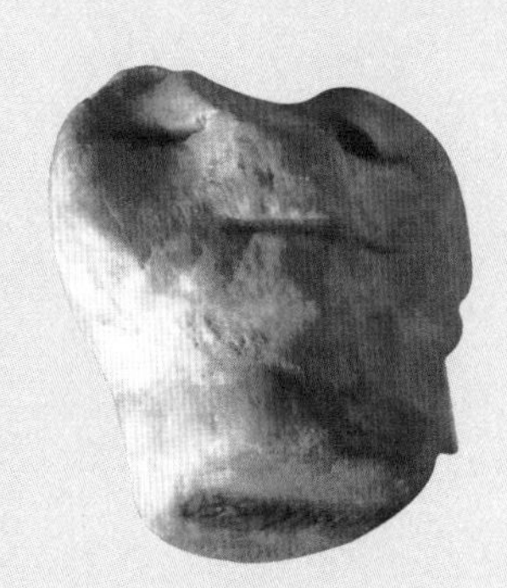

图5-7　陶塑人面像

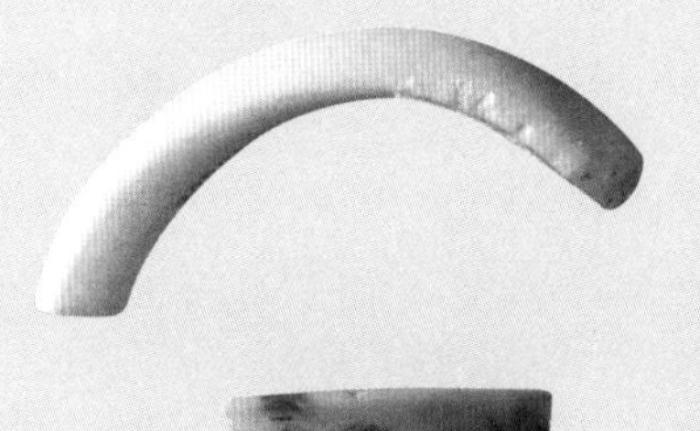

图5-8　玉镯残片

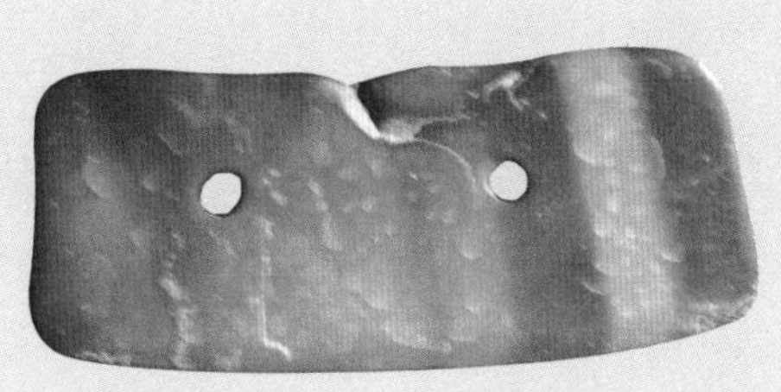

图5-9　出土的玉刀

图5-10　石纺轮

色颜料是汞的氧化物——朱砂，现在人们仍将其用于绘画、装饰中。而早在5000多年前，营盘山人就开始用它装饰室内或人体，用于祭祀、巫术，这是我国最早使用朱砂的实例。

茂县地区有代表性的羌族服饰可分为五种类型，即黑虎寨服饰，三龙乡服饰，松坪沟与牛尾寨服饰，永和乡服饰，赤不苏镇和黑水县知木林镇服饰。

## 一、黑虎寨服饰

黑虎寨位于茂县西北群山之中，距县城约32公里。这支羌族据说是党项羌的一个支系，《茂县羌族风情》称“唐初，原居河、湟一带的党项羌族人中的细封氏等部落，又为吐蕃所逼，向南迁居到松潘、茂县一带。”据邓庭良先生主编的《氐羌颂卷》称：“西夏亡后……唯舟曲县博峪五部是较可靠的党项遗族。博峪妇女穿红裤、红绑腿，戴红兜肚及红珊瑚抹胸，身后扎一个大羊尾——很可能即古党项一支赫羊国之裔。在宗教上，保持了党项羌猕猴种的图腾信仰……”上述博峪党项羌遗族穿红裤、红绑腿等（图5-11），这种装束至今在黑虎、永和的羌族妇女服饰中都有遗存，尤其是黑虎羌族新娘出嫁时必须戴上黑色的“猫猫帕”，然后缠上绣花红带，这与博峪妇女头饰很接近，此习俗可能代表了新娘在婚前对祖先的追忆。

原以狩猎为生的黑虎羌人，后农牧并举。他们与其他族系少有往来。所居寨子建筑在悬崖峭壁上，并筑数座碉楼；有的碉楼建立在鹰嘴河的山梁上，雄伟壮丽，碉楼一般砌成12层、8层、6层，最高的高达36米，它们挺立在群山中，如羌人敬奉的忠诚卫士——传说中的黑虎将军一般。碉楼转角处的石头鳞节如英雄的脊梁（图5-12），顶天立地，永垂不朽。据称明王朝为加强中央集权统治而推行土司制度，土司与中央王朝的双重压迫致使羌民反抗，起义暴动时有发生。《汶川图纪》中有“明世，黑跳梁”的记载。黑虎寨的英雄头领多几太，在抗敌中英勇牺牲，从此，后人尊他为“黑虎将军”，并使其受到神灵般的祭典。每年阴历五月初七和七月十五都会为他举行仪式。黑虎的妇女则常年包白色“万年孝”，又称“将军帕”，以表达对黑虎将军的悼念，故外人称其为“白头羌”。时至今日，黑虎羌人仍保留此习俗，无论日常装或盛装均要包“将军帕”（图5-13）。

图5-11 舟曲博峪妇女服饰

图5-12 碉楼转角处如英雄脊梁

图5-13 包“将军帕”的黑虎寨妇女

❶ 男子服饰

黑虎寨的男子包黑头帕，着蓝布长衫、黑长裤，外套羊皮褂，脚穿绣花鞋（图5-14）。

❷ 女子服饰

（1）黑虎寨妇女常年包“将军帕”，她们用两条各长达3米的白色头帕进行造型，包成后白色头帕高耸于前额头顶，显得威武而高贵（图5-15）。具体包法如下：

①先将长发梳于头顶，用红线扎紧，后盘髻，并套上发网（图5-16）。

②将第一条白帕从额上包至后脑勺，然后将剩余白帕交叉后置于胸前（图5-17）。

③再将第二条白帕的一端对折后再错叠成三层，并用针线绗缝固定（图5-18），使之硬度增加而能挺拔耸立。

④将第二条头帕已绗缝的这端置于头顶前方，让头帕的另一端垂于后背（图5-19）。

⑤把交叉于胸前的第一条头帕通过前额缠在第二条头帕上，固定住第二条头帕，并在右侧打结，然后将一端绕在脑后（图5-20），留出垂于后背的第二条头帕的另一端，将其收于头顶。后背仅留下第一条头帕的两端垂于背部，如吊孝帕一般，因此又称此帕的包法为“孝帕式”（图5-21）。劳动时，将留下的帕尾收于头顶打结，使之更方便（图5-22）。

（2）黑虎寨出嫁的姑娘头饰很有特色，她们不再包白色“将军帕”，而是将白帕包裹在里层，外面包称为“猫猫帕”的黑色头帕（图5-23）。黑帕靠头顶处还有双耳，额上方正中处有开口，露出里面的白色头帕。然后再缠红色绣花带（现在已用红色印花布代替），从头顶缠至后脑勺（图5-24）。猫猫帕尾自然下垂于后背，盖在白头帕之上（图5-25）。

（3）黑虎寨60岁以上的老年妇女不再用白色头帕包头，而用两条黑色长帕包成“虎头帕”，其包法与“将军帕”的包法相同。

（4）黑虎寨年轻妇女多穿红色绣花长衫。若穿蓝色长衫，下面则穿红色长裤（图5-26），显得生机蓬勃，使人联想到党项羌遗族博峪的妇女穿红裤的习俗。长

图5-14　黑虎寨男子服饰

图5-15　包“将军帕”的黑虎寨青年女子

图5-16　梳髻于顶

图5-17　包第一条头帕

图5-18　包第二条头帕

图5-19　第二条头帕的一端置于头顶

图5-20　第一条头帕两端在右侧相交

图5-21　后背仅垂下第一条头帕的两端

图5-22　劳动时将帕尾打结

图5-23　包黑色“猫猫帕”的黑虎寨新娘

图5-24　黑帕上缠红色花带

图5-25　黑帕尾盖在白帕上

图5-26 穿红裤的茂县黑虎寨妇女

衫前襟镶滚六七层花边，色彩与长衫的色彩形成对比，如红色长衫在前襟镶蓝绿、黑色花边，蓝色长衫则在前襟主要镶红、黄为主色的花边，而袖口一般不镶边；但外出时，要戴与长衫色彩相同的袖套，袖套口亦镶与前襟相同的花边。

（5）妇女外出或参加节庆活动时，外穿黑色不绣花的背心。

（6）年轻妇女腰系黑色长腰带，系结于后背，长长的黑色穗子上，缠以五彩绒线作为装饰。腰带宽而长，在腰上缠两圈后在后腰处打结，衬托出羌族少女婀娜多姿的曲线美（图5-27）。脚穿色彩鲜艳的绣花鞋或云云鞋。

## 二、三龙乡服饰

三龙乡为羌族聚居民族乡，位于茂县西北面，离县城47公里，地处高山区，西南高而东北低，最高海拔5千米，气候比较寒冷，故每个羌人都有一至两件羊皮褂褂，即使在灿烂的阳光下，羌族男子也常穿上它（图5-28）。羊皮褂褂的羊毛特别长，保暖性能好。这里的羌族在严寒的自然生态下，以白石和鲜花为伴（图5-29），愉快地生活在充满诗意的环境中。

图5-27　缠黑腰带的黑虎寨妇女

图5-28　穿羊皮褂褂的三龙乡羌族男子

图5-29　屋顶的白石与鲜花

三龙乡羌族男子善制作、吹奏羌笛。羌笛属国家级非物质文化遗产，是秦时生活于大西北的古羌人的发明，史载最早名为“篴”，初用羊腿骨或鸟骨制成，既可吹奏，又可策马。入川后，羌人改用竹子制笛，其声哀怨婉转、如泣如诉，难怪唐朝诗人王之涣有“羌笛何须怨杨柳，春风不度玉门关”之说。四川省羌笛传承人王国亨住在三龙乡合心坝村，他既会制作羌笛又善于演奏（图5-30）。他用鹰骨做成羌笛（图5-31），演奏的曲子有《后山挖药调》《打枪放狗调》，最感人的是《吃喜酒·离娘调》，非常悲伤，催人泪下。

图5-30 羌笛传承人王国亨

图5-31 用鹰骨做的羌笛

❶ 男子服饰

男子一般着长衫、羊皮褂褂，围围腰，系裹肚。

❷ 女子服饰

三龙乡的羌女以着红衫而闻名，许多羌族妇女虽然已是中年，但仍穿着艳丽的桃红色长衫，十分美丽动人（图5-32）。即使是老年妇女，有的仍以红色腰带打扮自己，非常亮丽，如图5-33所示，除了身穿豆绿色长衫、黑色背心及蔚蓝色围腰外，还要系上一条橘红色腰带，从而使深沉的服饰陡然增彩，充满活力。女子着装如下：

（1）女子所包黑头帕由三条头帕组成：一条素色黑长帕和两条绣花黑长帕，每条长度约两米，绣花位置通常在帕端。有时，两条绣花黑帕的两端均绣花；有时则为一条两端绣花，另一条仅一端绣花。其包法如下：

①先将长发梳成辫子盘于头上，少女则梳成马尾束于脑后，再以素色黑帕缠裹（图5-34）。

②将至少有一端绣花的黑帕缠在之前的素色黑帕上（图5-35），再将第三条

两端均绣花的黑帕折叠成条状（图5-36），缠在包头的最外层（图5-37），绣花部分裹在前额头顶处。

（2）中青年妇女所着长衫多为红色，并配以腰带。少女系橘黄色腰带（图5-38）；中年妇女则配黑色腰带（图5-39），艳丽中多了几分庄重。腰带在后腰打结，腰带头均有长穗，有的还饰以银坠，同时在后腰系挑花飘带。外套着羊皮褂褂或黑色绣花背心（图5-40）。

（3）老年妇女穿豆绿色长衫，系橘红色腰带，此外，还多穿蓝色长衫，系黑色腰带。

（4）下穿长裤，并打白麻布绑腿，同时系红色织花绑腿带，脚穿绣花云云鞋（图5-41）。

图5-32　三龙乡羌族妇女喜着红衣

图5-33　老年妇女仍喜拴红腰带

图5-34　里层缠黑帕

图5-35　再缠一条绣花帕

图5-36　第三条黑头帕两端均有绣花

图5-37　缠上最外层的绣花头帕

图5-38　美丽的三龙乡羌族少女

图5-39　中青年妇女穿红衫，多缠黑色腰带

图5-40　着羊皮绣花背心的中青年妇女

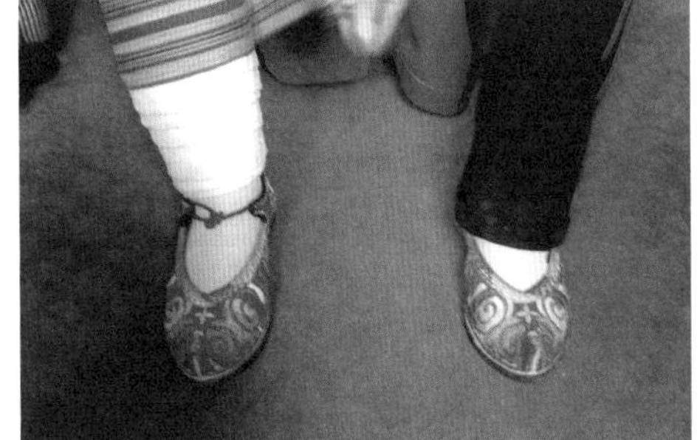

图5-41　脚穿云云鞋

## 三、松坪沟与牛尾寨服饰

松坪沟与牛尾寨都是羌族聚居村寨，位于茂县北部，紧靠松潘县和1933年大地震时形成的堰塞湖叠溪海子（图5-42）。原叠溪县古称“蚕陵县”，是历代王朝的军事重镇和政治、经济、文化中心。大地震使叠溪古城和附近21个村寨全部陷落、淹没。仅留下地震遗址，被称为“中国的庞贝”。如残存的由青砖砌成的叠溪县城墙的东城门（图5-43）以及断碑、残垣、石狮、石羊、石碾等。前往松坪沟

经过的蜿蜒艰险的山路（图5-44）以及若干个堰塞湖，是凭吊大自然带给人类沉重伤害的心路之旅。羌族同胞以勇敢、乐观、进取的精神战胜灾难，他们一边跳着“萨朗”（图5-45），一边建设自己美好的家园。现在的松坪沟是美丽的，被称为“小九寨”，成为四川省的旅游胜地。太平乡的牛尾寨紧靠岷江（图5-46），这里的羌族服饰与松坪沟、校场以及松潘的镇坪很相似，既保持着浓郁的游牧民族剽悍豪放的特点，又颇受与之相邻的藏族服饰的影响。男子身穿由母亲手工纺织、制作的白色羊毛毪衫，从纺毛捻线、牵纱、踞织，到最终为自己的儿子做成一件紧密而厚实的白色长衫，每位母亲几乎都要用两年时间。这些服饰寄托着浓浓的母爱与祝福（图5-47、图5-48）。

图5-42 1933年大地震后形成的堰塞湖——叠溪海子

图5-43 残存的叠溪县城东城门

图5-44 前往松坪沟的山路

图5-45　勇敢、乐观的松坪沟羌人

图5-46　紧靠岷江的牛尾寨

图5-47　为子女纺毛捻线的妇女

图5-48　踞织花带

## ❶ 男子服饰

（1）男子均包黑色丝绒帕，松坪沟男子有的留长辫，辫梢缠蓝色丝线，从黑头帕左侧垂下至左肩，黑头帕右侧插锦鸡尾羽三支，颇为英武俊俏（图5–49）。据当地羌民告知，他们过去出征时也着此装，返回时若所插锦鸡尾羽仍直立，说明是打了胜仗。

（2）男子着白色毪衫，且毪衫的领、襟、袖口和下摆均有花边装饰。牛尾寨的毪衫前襟上的“大襟花牌子”镶饰红、黄、蓝、绿的氆氇（图5–50）。松坪沟的毪衫上则绣黑地黄色回纹花边。此外，男子腰上戴绣花裹肚和红色腰带，插腰刀以及羊皮制成的带有火镰的皮包（图5–51），皮包内装打火用的白石和野棉花，外套镶红、黄彩条的黑背心。

（3）松坪沟男子下穿白色中裤，用白色毪子打绑腿，其上再缠裹绣花护腿，护腿所绣花纹大同小异，即在四角绣圆弧形彩虹纹，再将手工绑腿带捆在小腿上。牛尾寨男子也打白色毪子绑腿，绑腿带用五彩氆氇制成，再用织花彩带固定（图5–52）。有的松坪沟男子脚穿绣花鞋（图5–53）。

图5–49　松坪沟男子头饰

图5–50　牛尾寨男子服饰

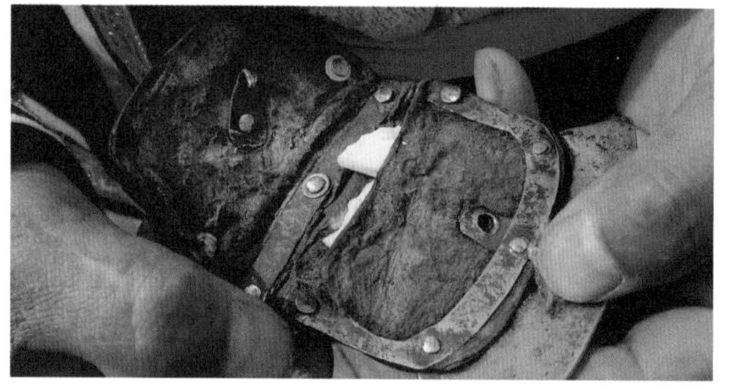
图5–51　松坪沟男子的火镰皮包

图5–52　牛尾寨男子绑腿

图5-53　松坪沟男子绑腿、绣花鞋

❷ 女子服饰

（1）中老年妇女留长发，在脑后盘髻，再用黑丝绒长帕包成大包头（图5-54）。

（2）中青年妇女多穿红色大襟长衫。松坪沟妇女在长衫的襟缘、袖口、下摆处均镶饰大朵花纹的宽边，并镶以白色羊毛边饰，围绣花围腰，外套黑色绣花背心（图5-55）。牛尾寨、镇坪的妇女则穿黑色镶边大襟背心，在右胸前戴直径约为10厘米的银质八瓣花，羌语称为“色昊”（图5-56），以求降福增寿。此外，腰系黑色半襟围腰，并以锁绣、挑花、平绣等各种针法刺绣出色彩华丽的图案（图5-57）。牛尾寨妇女的围腰上端系宽度为5厘米的白色腰带，使黑色围腰上红绿对比的花纹更为统一和谐。后腰系两条绣花飘带于臀部。

（3）老年妇女多穿蓝、绿色长衫，穿黑色镶滚花边背心，围腰上绣少量单色花纹（图5-58）。

图5-54 牛尾寨妇女服饰

图5-55 松坪沟妇女服饰

图5-56 牛尾寨妇女胸前戴“色吴”

图5-57　腰系黑色绣花围腰

图5-58　老年妇女服饰

## 四、永和乡服饰

永和乡在茂县城东北面10余公里处，沿松茂公路经渭门可到永和乡。永和、渭门和沟口三地的羌族服饰相似，头帕包裹得很有特点，白色头帕包成盘状，另外未婚妇女打红绑腿，这些服饰特点与其他地方不同。其绣花围腰色彩对比强烈，针法细腻，所着服装多为粉绿色（图5-59）或蔚蓝色等亮丽的色彩。由于靠近县城，永和乡男子多着汉装。现将妇女服饰介绍于后。

图5-59　永和乡妇女多着粉绿色服装

第一，中青年妇女多留长发，用红线扎紧后梳成圆髻，戴红、黄、绿丝线结成的发网，并插银簪（图5-60）。再将一条白头帕的一端折叠成条状并绗缝固定，然后将其覆盖于头顶（图5-61），帕端在前额伸出如帽檐一般，再将条状长帕整齐地缠绕于头部形成盘状（图5-62）。有的还在白头帕外再包一层绣花带（图5-63）。这种包头技术很考究，易松散，但爱美的羌族妇女即使在劳动时，也把发髻梳得很光亮，头帕包得很齐整，盘状的头帕显出干练与美丽（图5-64）。

图5-60　长发挽圆髻

图5-61　将长条头帕一端覆于头顶

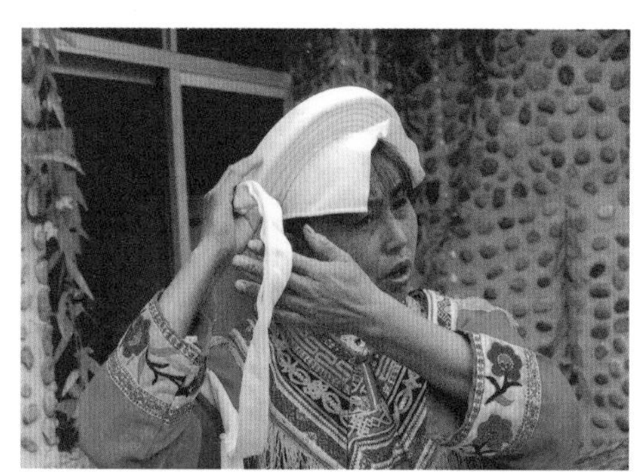

图5-62　将长帕包成盘状

图5-63　最外层包绣花带

图5-64　整齐的包头显出干练的美

第二，中青年妇女穿粉绿色、红色或浅蓝色长衫。除襟缘滚多层花边外，袖口、下摆均绣花。外面穿饰有云肩的绿色背心，色彩对比强烈（图5-65）。下身围黑色半襟围腰，上面绣大朵团花，色彩采用大红、粉红、浅红，具有色彩渐变效果，并和少量绿色进行搭配，形成“万红丛中一点绿”的效果。围腰边缘绣黑、白花纹，使整体花纹更为协调。有的阴丹士林蓝地围腰上绣白花，朴素大方。

图5-65　饰有云肩的对襟背心

第三，未婚妇女打红绑腿是这一地区的服饰特色。红绑腿色彩配搭很考究，靠脚踝处用白麻布绑腿打在里层，然后打上红绑腿（图5-66）。绑腿带则为湖蓝色布带，大面积红色配上白色和蓝色，色彩既明快又相互对比（图5-67）。

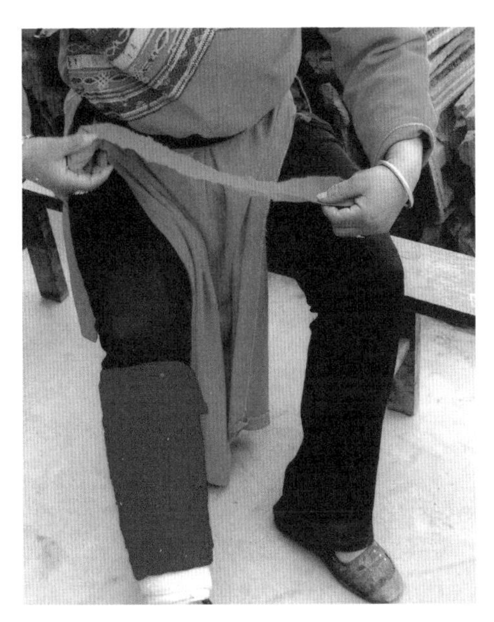

图5-66　未婚妇女打红绑腿

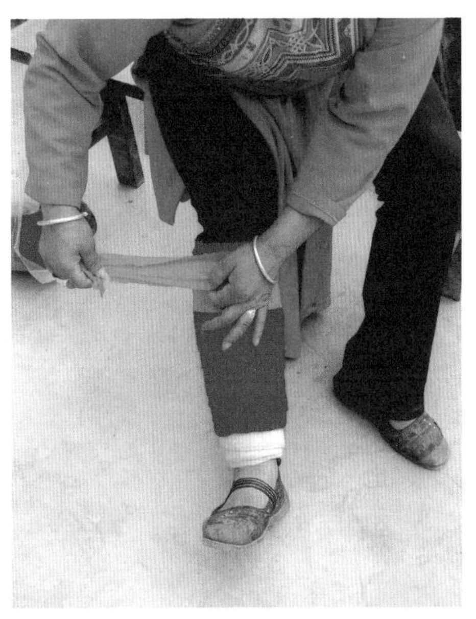

图5-67　拴蓝色绑腿带

## 五、赤不苏镇和黑水县知木林镇服饰

赤不苏镇为茂县羌族的自治区，地处县境最西部，与理县和黑水县接壤。其地区峰峦叠嶂、坡陡谷深，多在海拔3500米以上，其中西部的万年雪峰海拔5230米，是县境内的最高峰。赤不苏地区年平均气温9℃，属高寒山区。森林覆盖面积大，分布广，物产丰富。赤不苏地区的羌族保留了丰富的羌民族原始文化和民族服饰，其服饰均有共同特征（图5-68）。这里还流行对宾客来临表示尊敬和欢迎的舞蹈《忍木那・耸瓦》，由60岁以上的老年羌族妇女舞蹈，风格古朴、典雅，舞动时胯部往复转动。在表演舞蹈时，着盛装的老年妇女腰部和臀部以长穗的腰带和珠串装饰，随着胯部的转动更显出女性的柔美与华贵。因此，该舞蹈又名为《腰带舞》，而羌族服饰中的腰带也被赋予了更为丰富的内涵。

维城是全区最高处，相传为三国时蜀汉大将姜维屯兵所在，故名“维城”。维城乡前村倒塌的土城，即为其古迹。赤不苏地区北面紧临黑水县，这里的羌族与藏族杂居，其妇女服饰受到藏族服饰影响，而赤不苏地区靠南端的羌族妇女则又保留了原有羌族妇女戴瓦帕的习惯。

图5-68　赤不苏地区服饰

### ❶ 赤不苏男子服饰

（1）男子服饰古朴、厚重、威武，头缠黑色长帕，包头前高后低，挺拔向上，盛装时帕上插羽毛，更显英姿飒爽（图5-69）。

（2）男子一般身着白麻布“大襟花牌子”的过膝长衫，大襟、斜领、无扣，在领、襟、袖口均镶饰精致的花边（图5-70），其独特之处是在麻布长衫的后背右上方要织一长方形的彩色图案，这是妻子为丈夫织麻布做衣时专门织上去的，图案多是代表光明、太阳等的吉祥纹样，如十字纹、三角纹、S纹等（图5-71），羌人称这些图案如符咒一般可保家人平安吉祥。据《羌族史》称：在青海大通县孙家寨以及甘肃临洮县辛店发掘出的西周中期古墓中的陶器上“都有平行线纹、折线纹、三角纹、涡形纹、S纹、十字纹、X纹、太阳纹等”。从中可以看出，现在的赤不苏羌人仍保留着近3000年前的文化符号。

（3）腰缠红色腰带，裹肚系向腹部左侧，外套羊皮褂。盛装时穿羊皮褂和皮靴，羊皮褂的两肩上翘，如飞翔的双翼（图5-72）。

图5-69　赤不苏维城男子盛装

图5-70　男子着白麻布“大襟花牌子”长衫

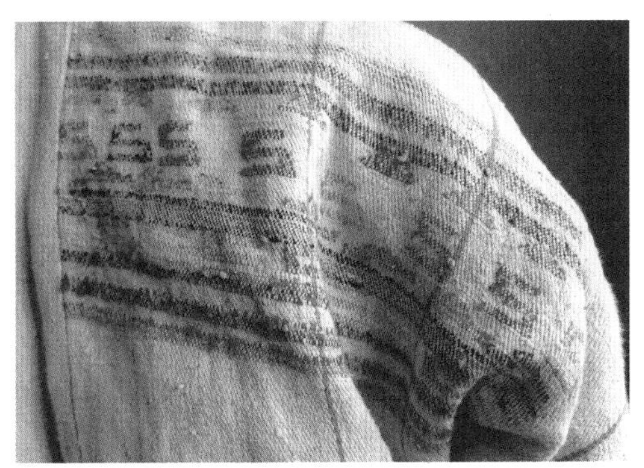

图5-71　长衫后背右上方织有方形彩色图案

图5-72 盛装的羊皮褂

图5-73 丹巴藏族妇女瓦帕的左侧垂有一丝穗

❷ 赤不苏女子服饰

赤不苏地区紧靠藏区，其头饰与嘉绒藏族较接近，如均在头上戴瓦帕。但嘉绒藏族妇女瓦帕的左侧要悬垂一丝穗（图5-73），而赤不苏妇女则无此装饰（图5-74）。

（1）赤不苏羌族妇女头戴绣花瓦帕，瓦帕用多层黑色面料做成，最上一层绣花纹。将头帕搭于头顶，再用发辫缠压固定，辫梢缠深蓝色丝线和珠串。年轻妇女盛装时头顶加戴银花、银牌，并喜戴银首饰，如手镯、耳环以及红珊瑚项链（图5-75）。

（2）妇女所着长衫长至小腿，服色鲜艳，多为红色（图5-76）。老年妇女穿海蓝、阴丹士林蓝长衫，大襟镶滚多条花边或刺绣边饰。束腰带，色彩为长衫的对比色或黑色，盛装时还系银腰带，上面镶饰宝石，并挂银针线包和银奶钩（图5-77）。

图5-74 赤不苏羌族妇女的瓦帕

图5-75 妇女盛装多戴银饰

图5-76 妇女多着红色长衫

图5-77 盛装时系银腰带

### ③ 黑水县知木林镇女子服饰

黑水县知木林羌族妇女头戴瓦帕，双辫缠在瓦帕上，戴银花，穿深红色长衫（图5-78），外套白色毪子长背心，背心长及脚踝，斜领大襟，在领缘及袖窿处均镶饰彩色氆氇，其上织有十字纹（图5-79）。腰系红色腰带，挂银针线包，脚穿云云鞋（图5-80）。

图5-78　黑水县知木林羌族女子服饰

图5-79　外套白色毪子长背心

图5-80　系红腰带

## 第二节　汶川地区的羌族服饰类型

汶川县旧称“威州”，如今县址设在威州镇，位于四川省阿坝藏族羌族自治州的东南部，地处岷江与杂谷脑河交汇处，既是成都平原与川西北高原的交通枢纽，也是进入阿坝地区的咽喉地带，素有“阿坝州的门户”之称。此地古属冉駹部落，西汉元鼎六年（公元前111年）置汶山郡，辖绵箎等五县，汶川由此正式纳入中央集权管辖。北周时（公元568年）置汶川县。

汶川地区具有深厚的历史积淀和丰富的人文文化，三国时蜀汉大将姜维在汶川筑城守关，现留有点将台遗址（图5-81）以及夯土城墙，此地还发掘出新石器

图5-81　1992年作者带领两位研究生在汶川姜维城点将台遗址考察

时代的彩陶及石斧、玉凿等，为古蜀文化的早期遗存，并被确定为全国重点文物保护单位。另外，距今600余年的明代威州土石城墙雄伟壮观，气势不凡，占地面积达8万平方米，总长度达1700米（图5-82）。

此外，汶川地区生物资源种类繁多，有大熊猫、金丝猴等25种珍稀动物，并在卧龙建有大熊猫研究中心。

汶川深厚的传统文化底蕴和丰富的物质资源营造出富有特色的羌族服饰和羌族刺绣，这里羌族妇女人人都是刺绣能手（图5-83），1996年被授予“羌绣之乡”的称号。

汶川地区羌族服饰以雁门乡的萝卜寨、绵篪乡的羌锋寨以及威州乡布瓦寨的服饰最有特色。

图5-82　汶川明代城墙

图5-83 汶川是"羌绣之乡"，妇女人人能刺绣

## 一、萝卜寨服饰

萝卜寨为汶川地区规模最大的羌族聚居寨，建在险要的高山上，山脚下设一寨门（图5-84）。这里，羌族的民风民俗保存完好，是新兴的羌文化旅游胜地，但在"5·12"大地震中损失惨重（图5-85）。萝卜寨羌族妇女极善刺绣，针线绣品随身携带，走到哪里就绣到哪里，绣品精美，色彩艳丽，为萝卜寨增色不少（图5-86）。

❶ 男子服饰

（1）男子一般着蓝色大襟长衫（盛装则滚有花边），系腰带，围裹肚，其绣花裹肚纹样丰满，工艺精致（图5-87）。男子表演羊皮鼓舞时，将前襟右下角提起拴于右侧腰间，称此着装为"一杆旗"，它使羌族男子显得干练精神（图5-88）。

（2）男子在长衫外套绣花背心，下穿黑色长裤，已少打绑腿，脚穿云云鞋（图5-89）。

图5-84 萝卜寨寨门

图5-85 “5·12”大地震使萝卜寨损失惨重

图5-86 走到哪里绣到哪里的羌族妇女

图5-87 所系裹肚工艺精致

图5-88 男子服饰

图5-89 脚穿云云鞋

❷ 女子服饰

（1）妇女均包白色头帕，其中，青年妇女多包“十字帕”，白帕中露出粗壮的黑发辫，更显青春气息（图5-90）。“十字帕”的包法如下：将长发编成辫子，然后先缠黑帕，再将白帕的一部分缠在黑帕上，并把发辫缠绕在白帕上，剩下的白帕在头顶上交叉成“十”字（图5-91），头顶左右两侧露出粗壮的黑发辫（图5-92）。老年妇女虽然仍将白帕交叉缠成“十”字，但头顶已不露头发，仅在两鬓露发（图5-93）。

（2）妇女一般喜穿湖蓝、红色长衫，外套绣花背心，围挑花或绣花围腰（图5-94），围腰非常精美，其图案构成饱满，色彩搭配明亮、艳丽（图5-95）。

（3）腰系白色或黑色腰带，在后腰打结，长穗垂于臀部以下，同时系上绣花飘带（图5-96），穿绣花鞋或云云鞋（图5-97）。

图5-90 萝卜寨青年妇女头包“十字帕”

图5-91 将发辫缠绕在白帕上，剩下的白帕在头顶交叉成“十”字

图5-92　头顶两侧露出黑发辫

图5-93　老年妇女头不再包“十字帕”

图5-94　妇女多穿蓝色或红色长衫

图5-95　色彩艳丽的绣花围腰

图5-96　系红色挑花飘带

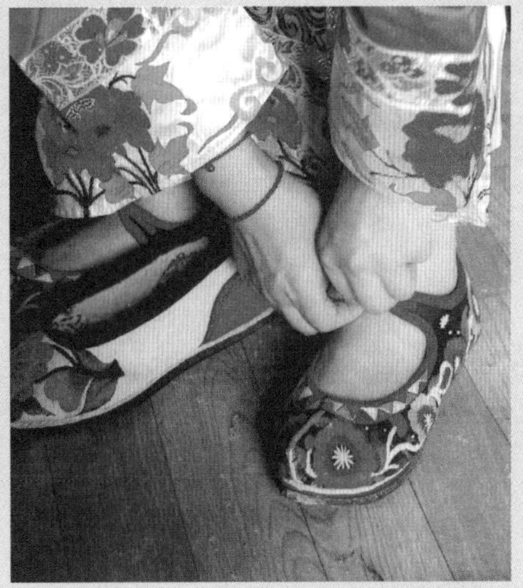

图5-97　穿绣花鞋

## 二、绵篪乡羌锋寨服饰

绵篪古镇已有2100多年的建镇历史。明宣德七年建城，现存西南一段墙体约300多米，高4.1米。《史记》称“禹兴于西羌。”传说大禹诞生于距离汶川县城不远的绵篪的石纽山刳儿坪。城内有禹王宫，于右任为之题字“明德远矣”，足可见这里是一方文风浓郁的灵秀之地。现绵篪为羌族聚居民族乡，所辖羌锋寨位于岷江河畔，该寨又名“簇头村”，“簇头”即“箭头”之意。《明史・四川土司》称穆宗隆庆元年（1567年）“移马厚墩于簇头，筑城，置堡官。”该寨沿山而建，在苹果树丛中碉楼错落有致，曲折的巷道相连，房背户户可通，流淌的溪水环绕着每户人家。进入寨子需要过一条小溪，1991年我们到羌锋寨采风，就从这里进入寨子。寨中保留了羌族标志性建筑——28米高的碉楼。20世纪90年代中期，费孝通先生为之题字“西羌第一村”，以示这里较好地保存了羌族文化和古朴的民族风情，是进入该羌族地区的门户。但是，2008年的“5·12”大地震使碉楼倒塌了5米（图5-98）。

羌族刺绣在羌锋寨得到了很好的发展，省级羌绣传承人汪斯芳即生活在这里，并且18年前我们曾相遇在古碉楼下。

这里的羌族男子多着汉装，仅在节日时穿蓝色长衫，但妇女仍着羌族服饰。妇女着装如下。

首先，妇女一般留长发，包白色头帕。她们将长发梳成辫后裹在头帕内再缠绕在头上（图5-99），长头帕来回交叉缠绕，形成前高后低的大包头。老年妇女头帕包得略低，将头发全包在头帕内（图5-100）。

其次，妇女多穿阴丹士林蓝或湖蓝色长衫，其大襟、领缘、袖口镶饰黑边并镶滚花边，围黑色半襟绣花围腰，再系自己手工编织的腰带（图5-101）。与其他地方不同的是这里的腰带是织花带，很有特色（图5-102）。然后系飘带，飘带多采用纳纱绣，下端配以黑色地三角形挑花（图5-103）。脚穿绣花鞋或云云鞋。

最后，老年妇女日常穿蓝布衫并少有装饰，仅在大襟处镶上不同深浅的蓝边，显得朴素大方，围腰也不再绣花，但所系的织花腰带特别醒目，成了全身唯一的装饰（图5-104）。

图5-98 地震后的羌锋寨碉楼

图5-99　羌锋寨妇女包白头帕

图5-100　头帕包成前高后低的大包头

图5-101　腰系织花带

图5-102　手工编织的腰带——织花带

图5-103　飘带多为纳纱绣

## 三、威州乡布瓦寨服饰

图5-104 羌锋寨的羌族老年妇女服装少有装饰

威州乡地处汶川县威州镇的四周。“布瓦”为羌语音，意为“黄土山峰”。这里有国家重点保护文物——黄泥建成的碉楼，且碉楼林立，现仍存36座。从布瓦寨可俯视到汶川县城全景及奔流湍急的岷江（图5-105）。

布瓦寨因紧靠县城，羌族男子多着汉装，但妇女仍着民族传统服饰。妇女着装如下。

中青年妇女已少包头帕，有的妇女保持传统的白麻布长衫的着装，但这种着装已经非常珍贵，偶尔才可以看到（图5-106）。大多数羌族少女穿红色长衫，外套黑色绣花背心，围黑色绣花大围腰（图5-107）。

老年妇女包白色头帕，穿蓝色长衫，围黑色绣花围腰，系自己手工编织的织花腰带（图5-108）。

图5-105 地震后的布瓦寨泥碉

图5-106　着白麻布长衫的羌族妇女

图5-107　布瓦寨羌族妇女服饰

图5-108　布瓦寨老年妇女服饰

# 第三节　理县地区的羌族服饰类型

理县位于四川省阿坝藏族羌族自治州的南部，岷江支流杂谷脑河由西北流向东南，贯穿全境。境内山高坡陡，岩峭谷深，地貌为低中山—高山—极高山，是典型的高山峡谷区。自然条件复杂，气候多样。夏禹时，此地为梁州之域；汉晋时曾为广柔县建置；唐代时成为中央王朝与吐蕃长期争夺的地带，是吐蕃进攻川西的必由之路。这里成为汉、藏、羌交错往来之地，因此，这个区域的服饰受到藏族和汉族的影响。有代表性的羌族服饰地区主要是桃坪乡和蒲溪乡。

## 一、桃坪乡服饰

桃坪乡是羌族聚居区，位于杂谷脑河下游，其羌寨碉楼壮观雄伟，被称为“东方古堡”而闻名于世，在一些影视作品中曾出现（图5-109），我们于1991年路经此地，远远便可见到碉楼。2008年的大地震使这里房屋倒塌、碉楼残缺（图5-110）。但羌人以顽强的毅力重新修建了新寨，并将老寨用于旅游，新寨用于食宿。这里刺绣远近闻名，随处可见忙着挑花绣朵的妇女，即使是老太太也不例外（图5-111）。

图5-109　桃坪乡羌族寨子

图5-110　地震后的桃坪乡老寨

图5-111 绣花的老奶奶

❶ 男子服饰

桃坪乡的一位羌族老人王嘉俊创建了一个小型的私人博物馆。该博物馆展示了清末民国初年的男子服饰，主要为白麻布长衫，其领口和大襟镶饰花边，腰系黑色或红色腰带，戴麂皮裹肚或绣花布裹肚，裹肚内装有打火用的白色石英石、火镰和兰花烟（自制的烟叶）（图5-112）。展品中也有羊毛毪子做的长衫，外穿羊皮褂（图5-113）。

❷ 女子服饰

（1）中年羌族妇女将长发挽髻于脑后并戴银簪、银花（图5-114），再缠上黑色丝帕（图5-115）。

（2）中年妇女身穿蓝色长衫，在领、襟和下摆均镶饰绣有大花的宽花边，腰系织花腰带，但现在已很难见到自织的织花带了，而是直接购买藏区的机织花带（图5-116）。后腰系挑花飘带，再穿上黑色绣花背心（图5-117），围黑色地挑白花的围腰，盛装时多戴银首饰，如耳环、银牙签等。

（3）老年妇女日常穿着朴素，一般包黑头帕，穿深蓝色长衫，围无花纹蓝色围腰，外套黑色背心（图5-118）。

图5-112　桃坪乡男子麻布长衫

图5-113　外套羊皮褂

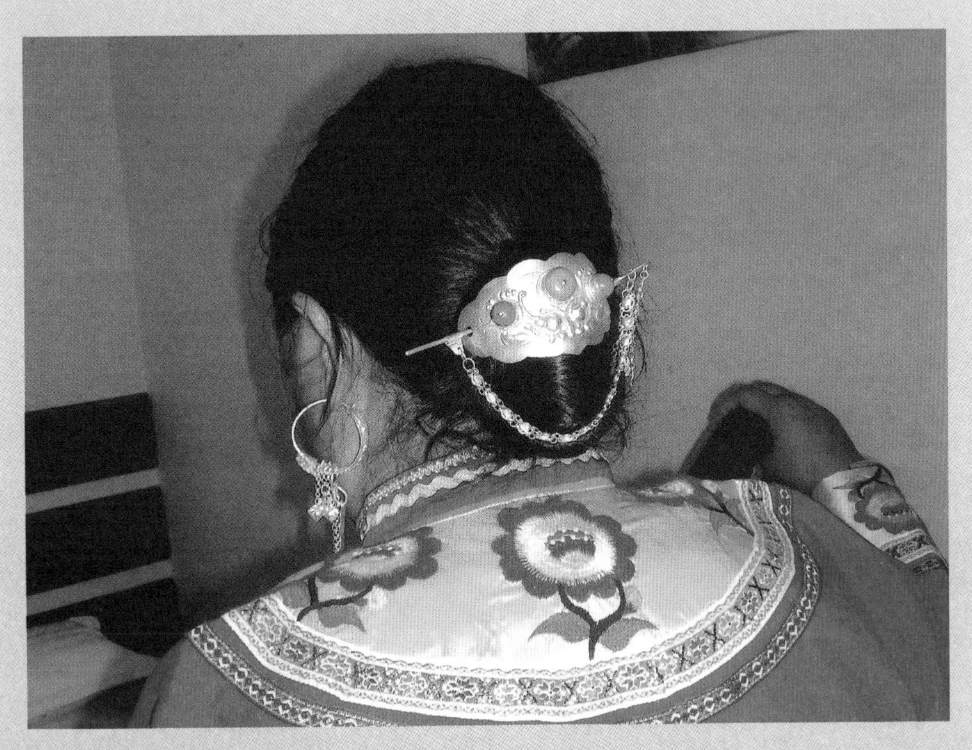

图5-114　中年妇女挽髻

图5-115 缠黑色丝帕

图5-116 穿蓝色长衫

图5-117 外套黑色绣花背心

图5-118 老年妇女服饰

## 二、蒲溪乡服饰

蒲溪为羌族聚居的民族乡，位于理县的东部。地形以高山峡谷为主，处于蒲溪沟的两岸。羌族占该乡总人口的98.9%。这里的羌族男子服饰很有特点，剽悍洒脱，令人过目不忘。妇女服饰工艺细腻精致，佩戴的银饰富丽华美、品种繁多。

❶ 男子服饰

（1）男子头包黑、白两色头帕，即先以白色长头帕包在里层，外层再用黑色头帕交错缠绕，留出部分白头帕以形成规则的白色块，使庄重的黑色头帕产生些许变化，人们称其为“喜鹊头帕”。

（2）男子上身穿白色麻布长衫，外套黑色背心，在黑色背心外的腰间拴白色腰带，下穿黑色长裤，打黑色绑腿，并用白色绑腿带系紧绑腿。全身黑白相间的色彩，对比强烈而富有剽悍的美。跳舞或喜庆节日时，将长衫前襟下摆的中间部分提起并拴于腰间，此着装被称为“一把伞”（图5-119）。由于亮出打绑腿的长腿，羌族男子显得矫健而潇洒。

图5-119 羌族男子舞蹈时的“一把伞”着装

❷ 女子服饰

（1）妇女均留长发，少女梳双辫，中年妇女挽髻，但都要包上两端绣花的长丝帕。具体包法如下：先缠一条黑色无花纹的长帕（图5-120）；再缠上两端绣有花纹的黑丝帕，并将头帕两端留在外边，使之上翘于头顶的左右两侧，且右高左低，具有变化（图5-121）。

（2）妇女一般身穿蓝布长衫，大襟、袖口、下摆和两衩均绣花、滚边。外面套上绣花背心，其上多绣云纹、蝴蝶纹，做工精细（图5-122）。腰系挑花围腰，图案细腻，做工精巧，多用回纹组成，再系红色等彩色腰带（图5-123）。原

图5-120　蒲溪乡妇女包黑色无花纹长帕

图5-121　绣花帕的两端包在头顶两侧

图5-122　做工精细的服饰

图5-123　系彩色腰带的妇女

蒲溪妇女多着白麻布长衫，在长衫上补绣黑色的云纹和蝴蝶纹，显出朴素的美（图5–124）。

（3）盛装时，蒲溪少女多戴银饰，除银耳环、银手镯、银锁、银项圈外，还戴有银花、银罗汉的领饰（图5–125），领饰不固定在衣服上。过去长衫无领，穿时再配领饰。图5–126是明清时期羌族妇女的银领饰。

图5-124　着麻布长衫的羌女

图5-125　盛装的蒲溪少女

图5-126　明清时期羌族妇女的银领饰（四川省博物院陈列）

# 第四节　松潘地区的羌族服饰类型

松潘县位于四川阿坝藏族羌族自治州的东部，岷山山脉的中段。全县地处青藏高原的沿山地带和高山峡谷地带，地势高兀，地形起伏较大，由东南沟谷向西北草原逐渐展开。这里是四川的两条大河——岷江和涪江的发源地，被列入《世界自然遗产名录》的“人间瑶池”黄龙风景区以及海拔近6000米且终年积雪的雪宝顶横亘于该县境内，气势极为磅礴。松潘县在夏禹时期属梁州西北境，秦汉时期为氐羌民族的繁衍地。秦时设湔氐道，清朝改为松潘厅（图5-127）。该县辖小姓乡和镇坪两个羌族乡，镇坪乡羌族服饰与茂县太平乡牛尾寨服饰相近，这里不再赘述。由于松潘县的羌族与藏族交错居住，其服饰也相互影响，尤其是小姓乡的羌族女装，与其他地区的羌族女装大不相同，具有自己独特的特点。因此，下面以小姓乡的羌族服饰为代表，进行重点介绍。

## ❶ 男子服饰

（1）男子留长发，包黑帕，盛装时包帕上插锦鸡尾羽，头帕上缠红丝线（图5-128）。

（2）男子身着白色羊毛毪衫，上有“大襟花牌子”，斜领，领缘、袖口和下摆镶饰彩色氆氇，系红色腰带，外套羊皮褂（图5-129）。

（3）腰插腰刀、挂银火镰和银烟荷包（图5-130）。

图5-127　松潘古城楼

图5-128　松潘县羌族男子盛装

图5-129　穿白色毪衫的松潘县羌族男子

图5-130　腰带上插腰刀，挂银火镰、银烟荷包

❷ 女子服饰

在大多数小姓乡的村寨中，妇女着装特点如下。

（1）中老年妇女一般留长发，梳辫后，用红色头帕包头，长辫用红珊瑚装饰，辫梢缠蓝丝线，再盘于红包头上，蓝丝线垂于左后侧，并戴上银花和玛瑙等头饰（图5-131）。

（2）妇女一般穿黑色斜领长袍，袍长至脚踝，领缘、袖口和下摆均镶饰氆氇和色布花边，其长袖要用白、蓝、红、绿、玫瑰红、黄、黑七种色布拼接而成（图5-132）。据当地羌族妇女称："这代表天上的彩虹。"因此，这种袖被称为七彩袖，它与现在地处甘肃、青海一带的土族妇女服装上的七彩袖相似，也表明古羌人与土族在历史上有一定的渊源。小姓乡妇女的这种着装还与四川平武的白马藏族服装类似，不同的是小姓乡妇女所着黑长衫的后背均镶饰一大块长方形红布（图5-133），看来是另有含义。

（3）腰系织花腰带，再束银腰带，腰带上挂银奶钩、银针线盒，脚穿黑色绣花鞋（图5-134）。

小姓乡部分村寨的羌族妇女服饰与邻近的黑水县知木林镇的妇女服饰相近，她们在长衫外面套上饰有氆氇花边的白色麻布长背心，其前襟短后襟长，前襟至

图5-131　松潘县小姓乡羌族妇女头饰

图5-132　身着七彩袖长袍的妇女

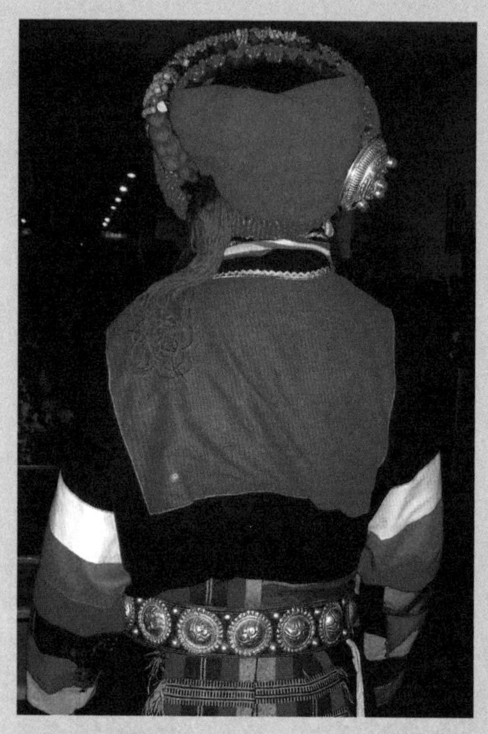

图5-133　后背镶饰一长方形红布

图5-134　腰挂针线盒与奶钩

膝，后襟及踝，并围上具有褶裥的白麻布围裙。腰系织花腰带，头上多戴礼帽（图5-135）。小姓乡各村寨服饰差别很大，正如羌族民间所言："隔山一个打扮，隔水一种语言。"

此外，小姓乡的羌族妇女善吹口弦（图5-136），她们以口弦传达出她们对生活、对自然的热爱。当秋天丰收后，可以看到她们在广场上跳起莎朗，并在广场中心用新米煮成的米饭喂狗，以示对狗的感谢，因为羌族民间传说是狗将五谷带到人间（图5-137）。

图5-135　小姓乡羌族妇女

图5-136　善吹口弦的小姓乡羌族妇女

图5-137　丰收后跳起莎朗

# 第六章 羌族礼仪服饰

# 第一节 人生礼仪服饰

## 一、儿童礼仪服饰

孩子出生后三天由女婿到岳父家报喜，岳父母及亲友同去女儿家祝贺，并送孩子整套的服装、祝米、鸡蛋、挂面等。一些地方妇女生育后，门前挂靴，靴面朝上，以示生女；靴面朝下，以示生子。生孩子后"要请释比做法并忌生人进屋"，在门前立一高凳为示。满周岁时要办"满岁酒"，外公外婆要送"长命衣帽"和"太阳馍""月亮馍"，并将长命锁（用从各户征集而来的"千秋钱"制成）挂在小孩脖子上，有"禳灾祛病、平安成长"之意，同时还让小孩"抓周"。

童帽是小孩服饰的主要装饰品，其款式异彩纷呈，有狮子帽、狗头帽、猴头帽、猪儿帽等。帽额前方用花边镶饰，犹如动物的嘴，两侧多绣牡丹、蝴蝶纹样，帽顶用羊毛做成耳朵（图6–1）。女孩则多戴金鸡帽，帽檐镶彩色花边，帽尾下垂（图6–2）。赤不苏地区的童帽做工精致，除两侧绣花外，其帽额前方以补花绣绣成

图6-1 童帽

图6-2 女孩戴金鸡帽

五彩的山形图案（图6-3）。有的帽额前方钉数个银牌，中间多为观音菩萨或“寿”字银牌，两边分别为“长命百岁”“富贵吉祥”等银牌，帽后挂四至六个小银铃和铜钱（图6-4）。各式各样童帽的帽顶正中都要做一“香叭”，通常为一圆形绣片（图6-5），内装山羊、兔、狗等动物毛羽，以避邪。有的“香叭”没有绣花，但也要用一块红布代替，将其缝在帽顶正中位置（图6-6）。

男孩7岁后剃光头，为保护百会穴，仅在前脑留一绺头发，至成年时才蓄发包帕。女孩7岁后蓄长发编辫并穿耳（图6-7）。

图6-3　赤不苏地区的童帽

图6-4　童帽后挂有银铃和铜钱

图6-5　童帽顶正中有一圆形“香叭”

图6-6　未绣花的“香叭”用红布代替

图6-7　儿童和少女的发型

## 二、成年礼仪服饰

成年礼也称“冠礼”。过去羌族男子进入成年时要举行盛大的仪式，仪式多在农历十月至十二月举行。届时请来家族的亲朋好友围坐于火塘，“并请释比来家里做法事”。受礼者着新衣，包新头帕，“向家中神龛跪拜”。释比手持杉木神杖，将白色羊毛线作为天神馈赠的礼品系于受礼者的脖子上，并以此为护身符而护佑受礼的男子。然后由族中的长辈叙述祖先历史，“由释比诵经诗”，祷告祭祀家神及诸多神灵。此俗今已消失。

## 三、婚礼服饰

羌族婚礼非常庄重，要举办“许口酒”“小订酒”等仪式。过去在羌族某些地区，如理县、汶川一带，男女青年订婚之后，女方还有种植“女儿麻”的习俗，即待嫁的姑娘在山上选地开垦种麻，然后将麻织成麻布再做成衣服或腰带，以备为嫁妆。理县蒲溪的羌族姑娘将“女儿麻”做成的服装作为自己的嫁衣，同时也给未婚夫制作一件，这两件服装均被视为珍品，不随便外穿，要传给后人。此外，汶川县一带的姑娘在婚前还要将织成的麻布衣送给自己的父母，作为“离娘衣”，以示孝敬。理县薛城、水塘一带，姑娘还将“女儿麻”织成七根腰带，新婚时将其系于自己腰上，再由新郎解开。汶川羌锋寨姑娘织出的织花带还用于捆绑自己的嫁妆。

新娘结婚时穿红色的嫁衣，嫁衣多用大红的咔叽布或绸缎制成，上面镶滚红、黄、蓝、黑等色的边饰，色彩配搭考究，大襟下摆绣如意云头纹。嫁衣仅在结婚时穿一次，之后就被精心保藏，并视为“传家宝”。一位羌族大妈穿上她三十多年前的嫁衣，色彩仍然如新，光彩照人（图6-8）。同时，新娘还要穿上绣花鞋，过去称为“上轿鞋”。在羌族歌舞中，新娘头上戴花帽，肩披云肩、银饰等饰物，女友则为新娘唱起“额姆幺幺”，以表示对新娘的祝福（图6-9）。结婚时，由舅舅为新娘披上红绸，搭上盖头，由女方送亲队伍（四大亲戚和伴娘）前往男方家（图6-10）。送亲队伍最前方举着硕大的太阳馍开道，据称可以避邪。迎亲的人去女方家接新娘至男方家，男方家则在寨口鸣炮迎接新娘。新郎穿蓝色长衫，外套

图6-8　30多年前的嫁衣仍保留至今，成为珍贵的纪念品

图6-9　女友唱“额姆幺幺”是对新娘的祝福

羊皮褂褂，并由姑舅长辈为其挂红，将红绸披在其肩上（图6-11）。新娘头上要搭红绸绣花盖头，有的羌族地区还有“抢盖头”的习俗。新娘在红盖头上别上多根绣花针，在神龛前由司仪喊揭盖头，人们为一睹新娘“庐山真面目”的风采而争先恐后，这时新郎、新娘也同时去抢盖头，谁抢得盖头，今后谁就掌管家中钥匙。之前新娘别绣花针在盖头上，也是为了避免盖头被新郎抢去。此外，黑虎寨新娘头饰与众不同，出嫁时娘家要在白头帕上面戴上黑色的“猫猫帽”，再在头顶缠红色花带，到婆家后，经过一天才能取下这种头饰（图6-12）。

## 四、丧礼服饰

羌族传统葬俗为火葬。《庄子》曰：“羌人死，燓而扬其灰。”《后汉书》亦称：

图6-10 送亲队伍

图6-11 为新郎挂红

图6-12 黑虎寨新娘头戴黑色的“猫猫帽”

“死则烧其尸。”羌族逝者穿寿衣（三裤六衣）入棺，父母健在者穿白色丧服，否则穿深色丧服，并在棺内置放五谷杂粮。此外，还要杀一头黑羊为死者引路。若是有威望的老人或民族英雄去世，则要举行隆重的丧礼——唱丧歌、跳丧舞。举行大葬时要由一名有威望的释比身披牛皮铠甲，右手执刀，左肩挎枪，其后紧跟着八名释比，他们都头戴面具，摇羊皮鼓和铜铃，并跳丧事舞蹈《跳盔甲》，这就是流传民间的丧葬祭祀舞蹈（图6–13）。

羌人重丧服。《归唐书》称羌人“丧有制服，丧讫而除。”亲人要为死者披麻戴孝（图6–14），有的地区甚至长达三年。三龙地区的羌人本来包黑帕，如果父母去世则改包白帕，即使父母去世已有两年，仍在黑帕内包上白帕，直到所戴孝帕烂掉才将其烧毁。有的除包白色孝帕外，连耳坠也换成白色羊毛线，以示自己重孝在身（图6–15）。

图6–13 《跳盔甲》舞又称“跳甲”，因祭祀战死英灵，又名“丧事锅庄”

图6-14　亲人为死者“披麻戴孝”

图6-15　为父母戴孝的羌族妇女

## 第二节　羌族巫师（释比）服饰

在羌族的宗教文化中，巫师在羌语中又称“释比”“许”“阿爸许”“比”“诗卓”等，他们是古羌文化的传承者，是羌民族自然崇拜、万物有灵信仰的产物。他们大都具有一定的历史知识和社会经验，在羌族社会中有较高的地位，是不脱离生产劳动的神职人员，是羌族中的知识分子，甚至起到“精神领袖”的作用。由于羌族没有文字，其民族的历史、民族起源以及大量的民族史诗均由释比口头传承。他们传承的经书主要有十六部，需数年方能背诵，其经文串缀起来就是羌族的一部民族史。几乎每一个羌族寨子就有一个释比，据当地人说，“他们专门从事占吉凶、卜祸福、治病祛灾、男女合婚、婴儿命名、死者安葬和超度的活动，并承担着解秽驱邪和许愿祭祀等法事活动的主持及吟唱经文等工作。占卜是释比经常从事的一项活动，类型有羊骨卜、鸡蛋卜、羊毛线卜及白狗卜等。其中，羊骨卜多用于卜病因、卜运气、卜外行人之祸福；鸡蛋卜则主要用于卜病因。”



释比“祭神做法”时，一般身穿短褂、白裙，头戴三尖帽，手执各种法器。

他们着装神秘古朴，体现了古羌人服饰的缩影，代表了羌人所经历的历史以及对上天和大自然的想象和追求。

## 一、头饰

羌族释比头戴三尖帽（图6–16），“跳神”的动作是模仿猴子的动作，双脚紧靠并上下左右跳动。三尖帽无帽檐，下为圆口，上为扁顶，形成“山”字形，帽顶竖立着三个尖，据称第一个尖代表黑白，即“黑白分明”之意；第二个尖代表天；第三个尖则代表地。帽后有三条皮飘带，正面左右各有一个眼睛状的贝壳，有的在帽檐上饰以红绸或一排牙齿状的贝壳。三尖帽非常神圣，未出师的学徒释比是不能戴的。有的村寨的释比，头戴喇嘛所戴的五花帽，显然受到藏传佛教的影响（图6–17）。

图6-16　释比头戴三尖帽

图6-17　头戴五花帽的释比

## 二、服装

释比一般身穿白色麻衣和白裙（羌语称“兹月补”）。白裙齐脚，腿缠绑腿。外套羊皮褂褂，羊皮褂褂缀三排扣，扣子分白、黄、黑三色（图6-18）。理县的释比则上穿绣着花边的黄色对襟短褂，下穿黑色长裙，外扎白色地旋涡纹的飘带，这种黑白对比的服装和纹样，给人带来神秘的气氛（图6-19）。而茂县水磨镇、渭门镇等地的释比则不套羊皮褂褂，而是身披其他动物皮衣（图6-20）。

## 三、使用的法器及其用途

### ❶ 法鼓（羊皮鼓）

在祭祀做法时，释比使用的法鼓羌语称为“布”，它被广泛用于“祭祀鬼神”等活动中，是释比重要的法器。传说法鼓是阿爸木比塔由天庭带往人间的法器，法鼓原有两面，由于祖师途中困倦，因而长睡一觉，醒来后着地的一面已腐朽，鼓圈处还长出青苔，于是释比法鼓也就成了单面鼓。法鼓一般呈圆形，直径约50厘米，深约16厘米，腔内有一横木为把手，单面蒙羊皮，为法事活动塑造一种特

图6-18　穿羊皮褂褂的释比

图6-19　穿黄色对襟短褂的释比

图6-20　身披其他动物皮衣的释比

殊的环境氛围（图6–21）。

❷ 算簿

算簿是释比广泛用于“测算、推断婚丧嫁娶、吉凶祸福、财气晦煞等的工具书”。

❸ 法印

法印一般以铁质或青铜质较为常见，阳文汉篆，主要用于释比所印制的各种“神符”上。

❹ 符板

符板是释比制符的木刻印版，板刻篆文汉字和图案。

❺ 响盘

响盘即小铜钹，直径约15厘米，有的释比还备有一套更大些的响盘。“做法”时自己与助手各用一套。

❻ 法铃

法铃有铁质、铜质两种，大若拳头，多为雌雄一对，上系“凶禽猛兽”之骨，主要用于法事活动（图6–22）。

图6–21　释比做法事的法鼓

❼ 独角

独角据说为一种“稀有独角兽”之角，主要用于消除“由于动土不当而引起的肩背腰腿疼痛”。

❽ 法刀

法刀又称“师刀”，长数寸到一尺，专门用于宰杀牺牲、裁纸、削竹、制旗等。

❾ 神杖

神杖平时用于拄路防身、法事活动等（图6–23）。

不同地区的羌族释比的服饰及法器会有所不同（图6–24），我们到茂县永和乡采访时，走访了一位三代相传的杨姓羌族释比，并请这位释比现场跳了一段

图6-22 法铃

图6-23 拄神杖、摇法铃的释比

"羊皮鼓舞"。眼见这位释比头戴五花冠，模仿猴子的动作，两脚上下左右跳动，左手舞动羊皮鼓，右手摇动铜铃，动作生动自然，富有节奏。这种祭祀形式有跳、唱、说、敲等，丰富多彩，以吸引观者注意。

羌族这种古老的宗教仪式，逐渐演变成羌族旦逢喜庆、哀事之时演跳的群众性民间舞蹈"羊皮鼓舞"（羌语称为"莫恩纳莎"或"跳经"）。"羊皮鼓舞"现已成为国家级非物质文化遗产并受到保护。羊皮鼓舞一般在每年二月的还愿、四月的祭山会、十月初一的羌历年和一些宗教活动中跳，分为独舞、双人舞、集体舞三种，跳时一般由一两名或多名释比领头表演。我们曾观看过茂县羌族歌舞团排练的"羊皮鼓舞"，舞蹈由一名男子领头，其身后配有三名响铃手，此外，还有多达20名羌族青年男子组成的偶数击鼓手。舞蹈开始时，英俊、健硕的击鼓手在领舞人的带领下，齐声吆喝，瞬即铃鼓齐鸣（图6-25）。鼓手上身前倾，表情肃然地舞动着羊皮鼓，配合着激昂、震撼的乐曲，节奏细密紧凑，动作整齐划一，舞蹈动作既要有粗犷、稳健的特点，又要像猴子一样轻盈敏捷，如“拧腰转身击鼓”“持鼓绕头”“屈腿左右旋转”“旋摆髋部”及一些蹲跳击鼓动作，充分表现出古老的羌民族在平日农耕下仍然不忘征战、不疏于备战的雄浑气概。

图6-24　羌族释比做法事

图6-25　羊皮鼓舞

# 第七章 羌族织绣

羌族刺绣是羌民族文化的一个重要方面，并于2008年被认定为国家级非物质文化遗产。羌族刺绣不仅仅是简单的挑花绣朵，它还包含着深厚的文化内涵，甚至与巴蜀文明曙光的肇始有着密切的关系。在《巴蜀科技史略》一书中称："中国丝绸的源头在何处？长期以来，国内一直存在着两种说法……有的学者认为，早在4500年前，蜀人就向中原输出先进的养蚕技术，表明蜀文化的发达程度已超过商文化。"岷江上游正是桑蚕的摇篮，传说中的蜀山氏为早期来到四川北部的羌人。古蜀三代蜀王为蚕丛、柏灌与鱼凫，其中蚕丛氏、鱼凫氏均为羌人中的氐人（居住于低地的羌人）。其氏族初兴起于岷江上游河谷地带，虞、夏王朝时沿着岷江向南而逐渐迁至成都平原。岷江流域多野蚕，从远古的蜀山氏到蚕丛氏均致力于野蚕的驯化。据古籍记载，野蚕性孤独，蚕丛氏将其集中喂养，改变其生活习性，从蚕蛾交配到蚕卵的收集、保存，再到第二年的孵化饲养和缫丝的完成，要经历无数艰辛才能将野蚕驯化为家蚕，这个过程相当漫长。世上有成千上万的昆虫，但被人类驯化成功的昆虫仅有两种：一是将野蜂驯化为蜜蜂；二是将野蚕驯化为家蚕。汉之扬雄在《蜀王本纪》中称："蜀之先，名蚕丛，教民蚕桑。"《仙传拾遗》记载"蚕丛氏……教人蚕桑，作金蚕数千头，每岁之首出金头蚕，以给民一蚕，民所养之蚕必繁孳。"蚕丛氏继承蜀山氏，在蜀山建国称王，其氏族名称为"蜀"，虽然南迁至成都平原，但仍以"蜀"为国名。"蜀"是蚕的象形文字（图7–1），《说文解字》称："蜀，葵中蚕也。"蚕丛氏因蚕丝的贡献而受到蜀人的崇敬与爱戴，蜀人尊其为"蚕神"，为之立祠，还尊其为"青衣神"。可见，早期来到四川西北部的古羌人，他们与养蚕有着密切的关系。至今，

图7–1 "蜀"为蚕的象形文字

松潘、茂县及都江堰均留有因蚕和蚕丛氏而得名的蚕陵（图7–2）、蚕崖石、蚕崖关等古地名。被尊为“蚕神”的蚕丛氏传说就葬于茂县的叠溪，汉代曾在此设置蚕陵县。三星堆二号坑出土近3米高的青铜大立人像，应是当时的蜀王形象，所着四件套服装均绣有龙纹、鱼纹和鸟纹（图7–3）。据专家分析，这是采用锁针绣和辫子股绣刺绣出的纹样，是3200多年前蜀中绣品的真实写照。

羌族刺绣主要创作者和传承者是羌族妇女，她们勤劳、聪慧而美丽。由于男子多外出打猎，妇女则承担着田间的种植生产和家务劳动（图7–4）。人们称赞她

图7–2　茂县叠溪保存下来的“蚕陵重镇”石刻题记

图7–3　三星堆二号坑出土的青铜大立人像

图7–4　坚韧勤劳的羌族妇女

们将“一家人吃的、穿的都解决了。”桃坪乡一家私人羌族博物馆展示了过去羌族妇女在家劳动时的情景：一边用身体腰部推磨（四川农村流行的大磨具有“T”字形的长柄），另一边双手捻麻线，旁边还放着摇篮，以方便照看孩子。她们强壮、健美的身体，唇红齿白、大眼高鼻的美丽形象给世人留下深刻的印象。民间传诵杨家将近千年，其中，“杨门女将”之佘太君被有的学者认为是党项羌人，其吃苦耐劳、坚忍不拔成为杨家不屈不挠、一门忠烈的奋斗精神写照，至今，这种精神在羌族妇女身上仍有继承、体现。

## 第一节　羌族刺绣工具

羌族地区早在5000年前就已经开始进行相关的纺织活动了，四川省博物院陈列着早期羌族妇女使用的剪刀（图7–5）、纺轮（图7–6）以及铜质的针线筒（图7–7），针线筒的系带上串着珠串、钱币和两枚兽牙，既象征对富贵的追求，又表示驱邪祈福。这些女红陪伴着羌族妇女的一生，成为她们勤劳、聪慧的象征。

在现实生活中，羌族妇女必须随身携带的工具和饰品就是针线盒（图7–8），并且代代相传。针线盒里面既插着针，又缠着线（图7–9），它既是羌族妇女聪慧勤劳的象征，又是其重要的服饰品。桃坪的羌族老太太随身带着木质针线筒，用车木做成的圆筒状的针线筒光滑、油亮，说明它历经沧桑，一直陪伴着它的主人（图7–10）。赤不苏一带流行呈斧头状银质的大针线盒，上面镶着红宝石、精致的银蝴蝶和十余根银坠，每个盛装的羌族妇女都要将其佩戴在腰带上，它是重要的饰品（图7–11）。20世纪50～60年代曾流行绣花针线包，它不仅实用，便于携带，而且非常美观，上面的刺绣花纹极有特点、个性，现在已很难看到这种针线包了。根据资料可看出，其中一组针线包由形如喇叭状或吊钟状的外壳与楔形（一头是方形，另一头是尖形）的内囊组成，估计内囊可用来插针（图7–12），现在甘肃庆阳地区还流行着这种针线包。在方寸之间的羌族针线包上，花叶图案组合紧凑丰满，色彩亮丽明快（图7–13）。松潘县的羌族妇女则用绣着万字纹的布制作针线包，外观别具一格（图7–14）。

图7-5　羌族剪刀（四川省博物院）

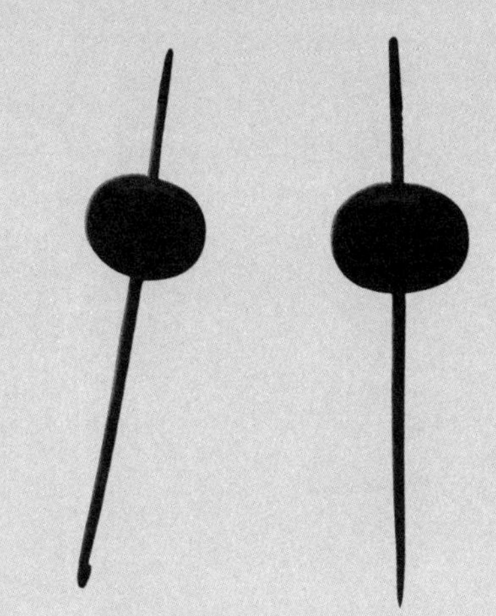

图7-6　羌族纺轮

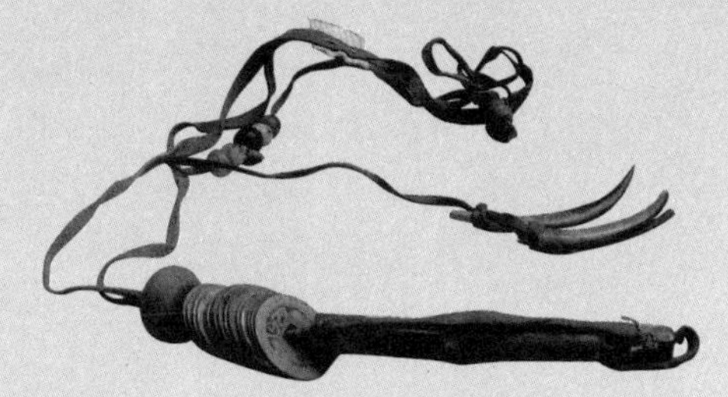

图7-7　羌人之铜质针线筒（四川省博物院）

图7-8　羌族妇女随身饰有银针线盒

图7-9 针线盒内的针、线

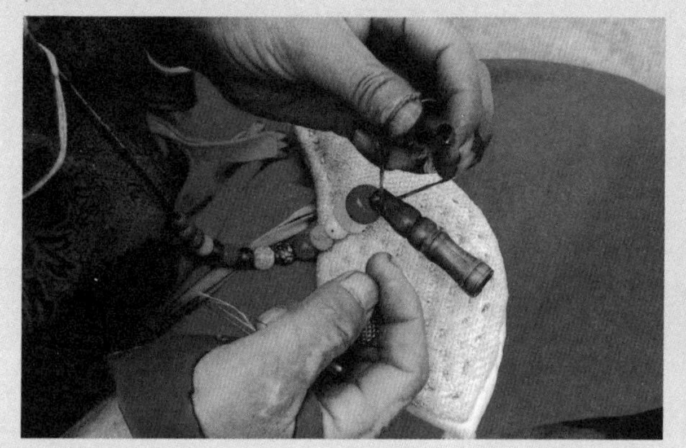

图7-10 老人的车木针线筒

图7-11 盛装时戴的银质针线盒

图7-12 早年的绣花针线包

图7-13 绣花针线包

图7-14 松潘县小姓乡的绣花针线包

# 第二节　绣前准备

## 一、花样准备

羌族刺绣既无刺绣粉本传承刺绣纹样，也无专门从事剪纸花样的民间艺人，剪纸花样多由羌族妇女自己剪出，然后贴于所需要绣的面料上，即可刺绣（图7–15）。她们不用铅笔起稿，随手即可剪成，如羌绣传承人陈平英为学生示范剪出的“苞苞花”纹样（图7–16）。

## 二、面料准备

羌族妇女刺绣时不用花绷，均是拿在手中刺绣，这大概与该民族长期迁徙、流动性大的生活状态有关。另外，妇女每天要在田间种植，家务劳动繁重，绣花仅能见缝插针，故需要随身携带刺绣工具和材料，有空就绣（图7–17）。因此，妇女多制作硬挺的小面积绣片，绣好后再装饰在所需要装饰的地方。如围腰刺绣的主要部位是腹部的一对大兜，将大兜上的花绣满后再缝到围腰上，其他部位可不绣花或绣少量的花。所需刺绣的面料若太软，可刷上一层薄糨糊以增加硬度（图7–18）。现在亦可在面料后面贴上黏合衬以代替糨糊。

图7–15　按剪纸花样进行刺绣

图7–16　剪纸花样

图7-17　羌族妇女随身携带针线，有空就绣

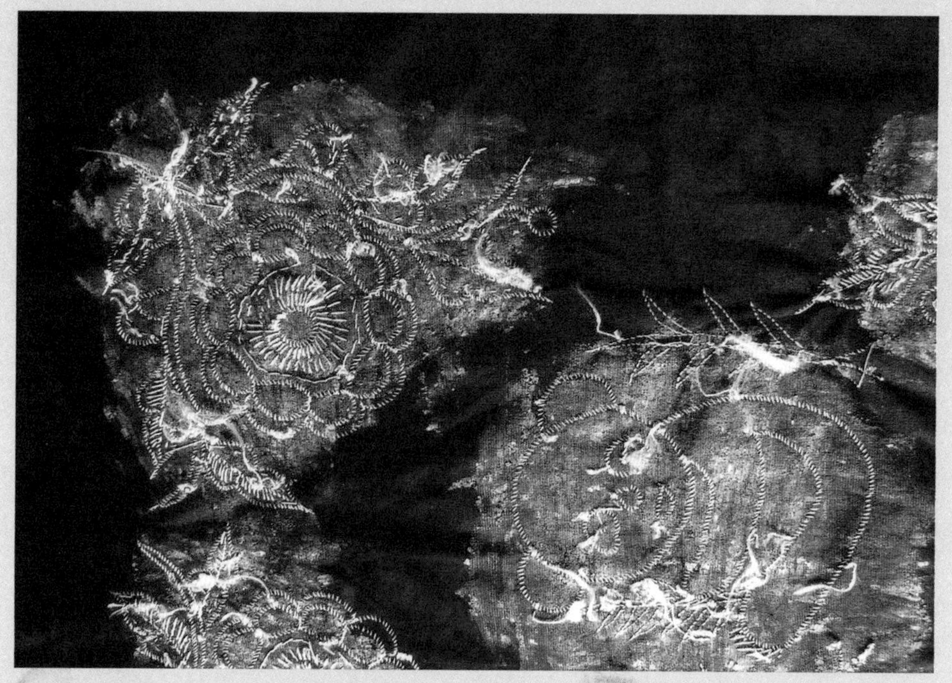

图7-18　刷上薄糨糊以增加绣胎料的硬度

# 第三节　羌族刺绣针法

我国刺绣针法历史悠久，羌族刺绣既继承了传统针法丰富而又严谨的特点，又体现了本民族刺绣针法的灵活性与多样性。我国刺绣起始于殷商时期，距今已有三千多年历史。从出土的殷商妇好墓铜觯上黏附着的丝绸绣片残迹可看出，其绣纹是用锁绣针法绣成。锁绣是我国最古老的刺绣针法，至今羌族民间仍保留着这种针法，并在此基础上演变出多种锁绣针法而成为羌绣的一大特点。其他刺绣针法还有光洁亮丽的平针绣、层次丰富的参针绣、别具一格的压针绣和眉毛花、如锦似缎的纳纱绣、大气整体的补花绣、装饰精巧的十字绣、灵活流畅的“编针绣”、简练精致的牵花绣、工整朴素的缉针绣、行云流水的云子花、神秘特异的织花带。现分别介绍于后：

## 一、历史悠久的锁绣

锁绣又称套针绣、链子扣绣、辫绣。其针法采用绣线环圈锁套而成，即线线成环、针针套扣，落针在起针旁，最后绣成的纹路效果如锁链结构，因而得名锁绣。河南安阳殷墟妇好墓出土了中国最早的锁绣绣片，以后又在河南信阳出土了春秋早期的锁绣“窃曲纹”残片。起始于三千多年前的锁绣针法现在仅在羌族、苗族、彝族等地区还有传承。尤其是羌族锁绣发展成为各式针法，并成为羌族刺绣的重要针法。

羌族锁绣主要运用于围腰上的装饰纹样（图7-19），一般在黑色或深蓝色地上用白线锁绣图案，由于色彩明度对比大，白线的绣纹如银丝盘结，晶莹素雅。绣前要先在面料上画出图案，这样才能做到心中有数。羌族妇女常用火柴棍沾上稀薄的麦面糊在深色底布上描绘，确定出花样大致的布局和形象，待面糊水分干后根据留下的白色线条痕迹进行刺绣。锁绣针法分为闭口锁绣、开口锁绣、锁扣绣、结边绣。

### ❶ 闭口锁绣

起针时针尖挑起面料约3毫米长，落针时将绣线绕圈，然后在线圈中间起第

图7-19 锁绣围腰

二针并拉紧线圈，即成一扣，然后将绣线绕圈，针又自第二起针处落针，即起针点与落针点在同一个点上，从而形成闭合的锁链（图7-20），具有针针相扣、圈圈相套的特点。羌族刺绣围腰上的花叶轮廓以及枝干便用此针法（图7-21）。

❷ 开口锁绣

羌族妇女称此针法为“串花”“勾花”或“刨针绣”。它与闭口锁绣不同之处在于起针点与落针点不在同一点，而是落针时要用针尖刨开线圈，从另一点将针插入，当地民间称为“刨针绣”（图7-22）。由于针距短而密，起针与落针有一定的距离，因此，在两侧边缘的中间形成排列紧密的平行线（图7-23）。开口锁绣常与其他针法一起运用，形成点、线、面的变化（图7-24）。牛尾寨的羌族妇女则以彩线在黑色围裙上锁绣花纹，使之富有变化（图7-25）。

❸ 锁扣绣

锁扣绣又称锁边绣、锁口绣。运针时，施以短而横向的套针，并以等距离由前往后退，针脚形成连续的短横线，

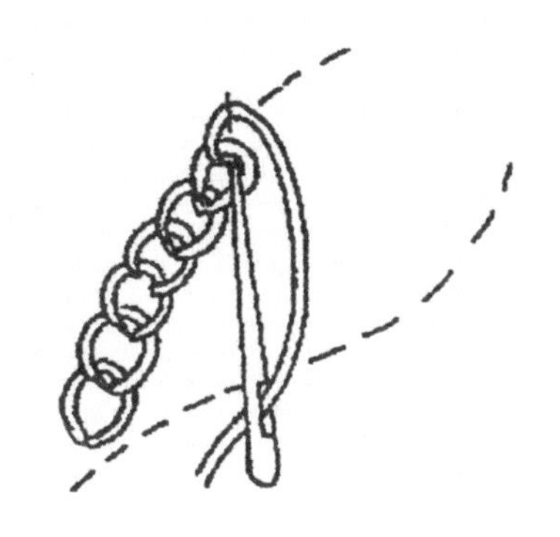

图7-20　闭口锁绣针法

图7-21　锁绣

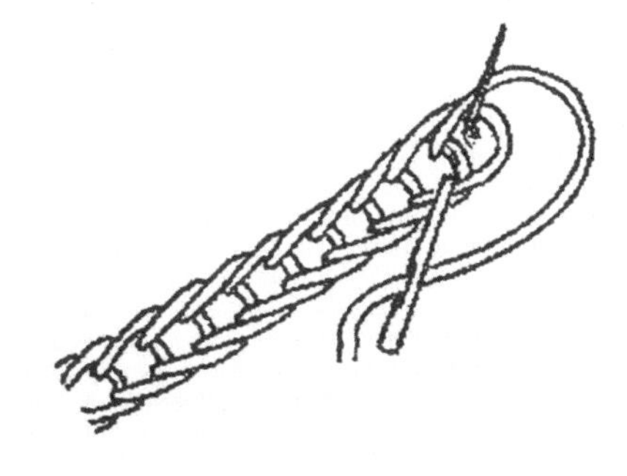

图7-22　开口锁绣针法

图7-23　开口锁绣

图7-24　开口锁绣与其他针法一起运用

图7-25　彩色锁绣

边缘有锁扣环（图7-26）。在羌绣中，锁扣绣多用于锁边、锁扣眼、补花绣以及连续纹样的边缘，如图7-27所示，挑花围腰四周的蓝色二方连续边饰即采用了锁扣绣。

❹ 结边绣

结边绣针法与锁扣绣比较接近，均有整齐的短横线排列，但边缘更为厚实紧密，在羌绣中常用于绣品的边缘处理。具体针法为：针由绣边的反面戳向正面，挑起面料，线由针鼻绕到针尖下，形成一环，再抽拉线（图7-28）。连续的短横线既可整齐排列成平行线，也可排列成齿状的牙边，如头帕的两端采用结边绣形成牙边（图7-29）。

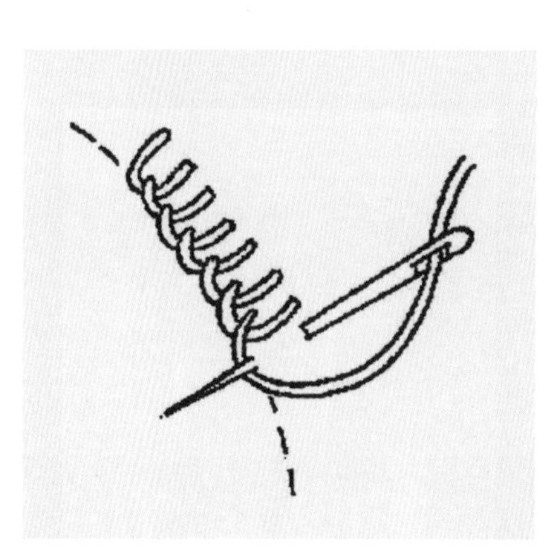

图7-26 锁扣绣针法

图7-27 边饰上的锁扣绣

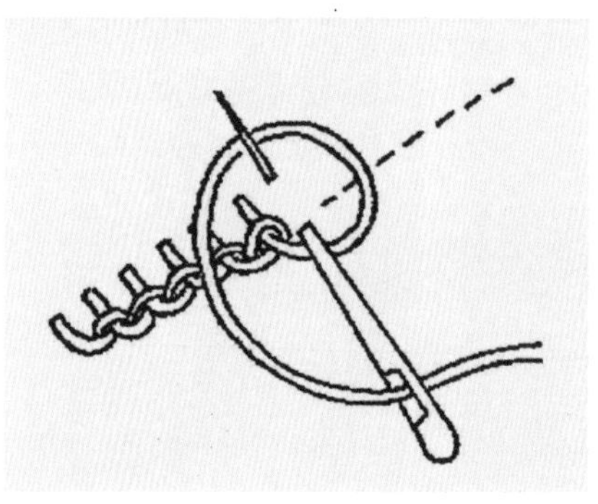

图7-28 结边绣针法

图7-29 用结边绣绣出的牙边

## 二、光洁亮丽的平针绣

平针绣又称“齐针绣”，是继锁绣之后我国另一种古老而传统的针法。平针绣早见于马王堆西汉墓出土的铺绒绣绣品。平针绣的绣线排列整齐均匀，不露地、不重叠，以绣迹的丝理显现纹饰的质感，绣纹具有闪光缎面的效果，多用于小块面的刺绣。

羌族妇女称平针绣为“扎花”，主要用于绣花飘带（图7–30）、头帕、鞋面以及服装襟边。羌族刺绣中，平针绣工艺精致、针法娴熟、针脚整齐、线条排列均匀，边缘光洁圆顺，因此，绣出的纹样具有平整亮丽、光洁耀眼的效果。其绣法有两种，一种是从纹样边缘两侧来回运针刺绣；另一种是先以长针疏缝垫底，再用短针在边缘两侧来回运针，使之盖住之前的长针绣线，绣出的纹样微微凸起（图7–31）。

如果需要绣花的纹样面积较大，则将其分割为小块面，并采用色彩渐变的手法形成色彩“退晕”的效果。如茂县永和乡羌族妇女的绣花围腰（图7–32），均是

图7–30　平针绣飘带

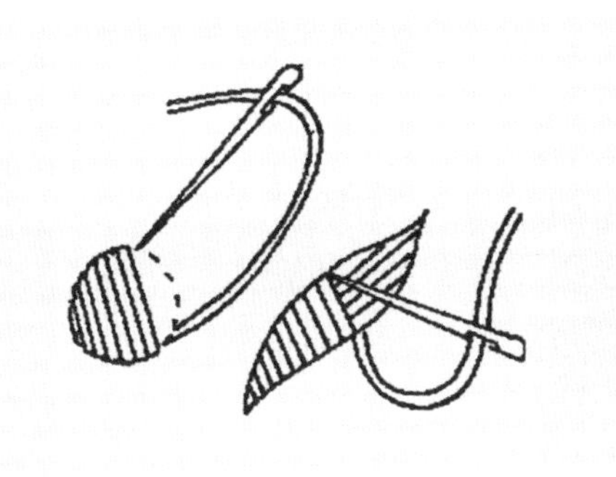

图7–31　平针绣针法

图7–32　绣大花的平针绣

硕大的花纹，因此，将花瓣分成小块面，并按大红、粉红、浅红三个红色层次进行刺绣，既保持了大花大朵的造型，又便于制作，还使绣迹光亮整洁，色彩丰富美丽。

## 三、层次丰富的参针绣

参针绣又称“套针绣”，是在平绣的基础上增加深浅变化，以表现花、叶等纹样的明暗，使大面积的纹样层次丰富而有立体感，如图7-33所示，先用指甲在花瓣需要色彩套接处轻轻划一道线，然后用大红色线从花瓣边缘按一针长一针短运针，再用深红色线一针长一针短进行衔接，使深红色线与大红色线相互交错参差，形成自然过渡的深浅层次。

参针绣分为斜参针绣和直参针绣（图7-34）。斜参针绣常表现叶纹，刺绣时，从叶的两侧起针，向中间落针，针脚排列成一长一短的斜纹，再以深浅不同的色线按一长一短衔接，将叶片绣满。而要表现大面积的花瓣，则采用直参针绣。

图7-33　参针绣

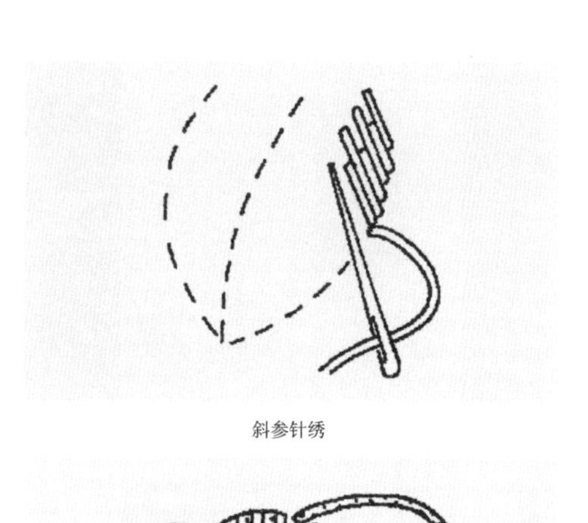

斜参针绣

直参针绣

图7-34　参针绣针法

## 四、别具一格的压针绣和眉毛花

在平绣和参针绣的基础上，羌族妇女创造了压针绣的针法，她们又称之为“撇花”。在大面积使用同一色线且绣线较长的刺绣中，平针绣容易挂丝，因此，羌族妇女在绣一针长线后，又用一针短线压在原长线上，并确保每绣一针长线后均在同一位置压上短线，如编篱笆一般，纹样边缘整齐，纹样内的绣线交错有致，产生富有变化的视觉效果。图7–35是学生初学羌族压针绣时绣制的牡丹花瓣，每个花瓣的色彩采用退晕手法，即色彩从深红逐渐过渡到桃红、朱红、粉红、白，但同时又用压针绣使平整的绣线中多了一种肌理变化。图7–36也是采用压针绣绣出的牡丹，从浅到深的红色层次中，每层的长线上均压过两针短绣线。此外，羌绣中的喜鹊胸部，均是白色块面，由于面积大，一针白色长线上要压上两针短线，使大块面的白色有更多的变化。

以绣花瓣为例，压针绣具体针法为：先从花心出针，从花瓣外轮廓进针，形成一长针绣线，第二针退至长绣线的右侧中部出针，再至长绣线的左侧进针，形成一短针绣线，该短针绣线压在了第一条长针绣线上，两者形成一个交叉点（图7–37），使有光泽的平针绣既多了变化，也解决了长针绣线易挂丝的问题。

图7–35　赵艳萍的压针绣作品

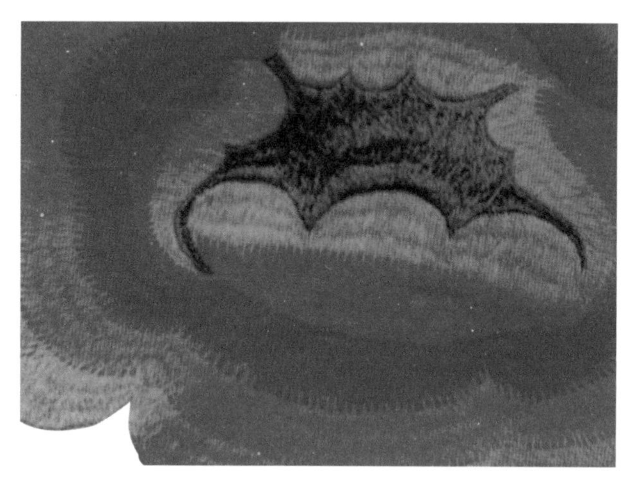

图7-36　用压针绣绣出的牡丹

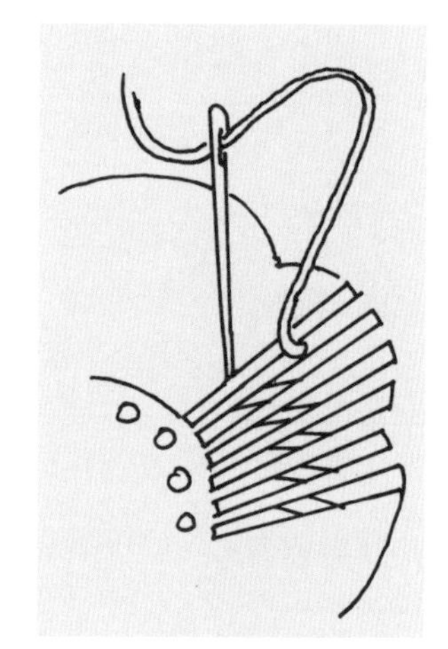

图7-37　压针绣的针法

除了用压针绣解决大面积长绣线存在的挂丝问题外，羌族妇女还用“眉毛花”的针法使绣品更坚固、不易挂丝，同时使色彩更富有变化。如图7-38所示，在粉红色的大花瓣上加绣眉毛状的中黄色块，在里层桃红色花瓣上又加绣眉毛状的湖蓝色块，使平淡的花瓣色彩变化丰富，并由于层层眉毛状的弧线花纹而有了更多的层次。茂县三龙乡妇女的头帕的绣花也用眉毛花加以装饰，使头帕色彩和纹样

图7-38　用眉毛花针法绣出的纹样

更加富丽（图7–39）。眉毛花的具体针法为：先用平针绣绣出整个花瓣，再找已绣花瓣中需要绣眉毛花弧线的最高点，从最高点出针，然后用绣线分别在花瓣两侧拉两条直线，形成“人”字状，以此作为眉毛花弧线的骨架，再在此基础上绣出眉毛花（图7–40）。

图7–39　三龙乡妇女头帕上绣的“眉毛花”

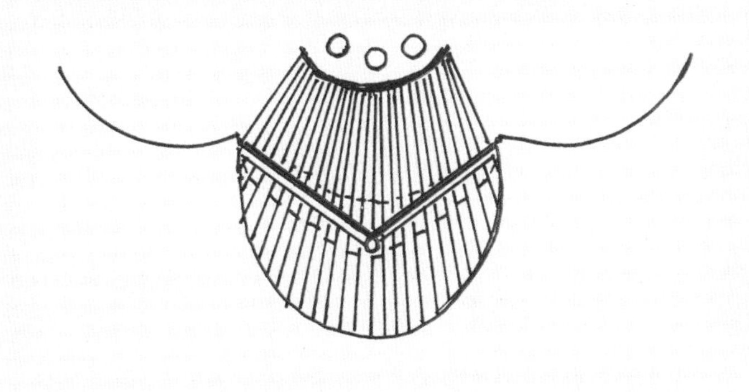

图7–40　眉毛花针法

## 五、如锦似缎的纳纱绣

纳纱绣又名“戳纳绣”，是起源于宋代的刺绣针法。羌族妇女称为穿花绣、九针绣，多用于头帕以及飘带上（图7-41）。三龙、曲谷一带妇女的黑色头帕用红、黄、蓝、绿的彩线绣出花纹，如提花彩锦一般，正面以彩色形成地色，露出的黑布色彩为花色（图7-42）；背面则恰好相反，以黑色为地色，各种彩色为花色。纳纱绣的针法是在素色面料上按经纬纱线交织的孔进行刺绣，并沿着一个方向施针，如垂直的经线方向或水平的纬线方向，通过露出面料地色而形成花纹。纳纱绣对刺绣者要求甚高，因为是一针一针数着纱线根数进行刺绣，并不断地变换色彩（图7-43），要求刺绣者的技术要过硬，心气也要平静，眼睛要好，还要有耐心。因此，羌族民间说从纳纱绣可以看出姑娘真实的才能与智慧。

图7-41　飘带上的纳纱绣

图7-42　如提花彩锦般的纳纱绣

图7-43　绣纳纱绣的羌族妇女

## 六、简洁大气的补花绣

补花绣又称贴花绣、贴布绣，羌族妇女称之为“拼花”，即将色布拼接后形成花纹。补花绣制作简便，纹样简洁大气，装饰效果强烈。制作时，将剪好的色布贴于服装、鞋面所需要装饰的部位，然后用锁扣绣、结边绣或缉针绣的针法固定色布。补花绣应用在服饰中的最典型代表是羌族的云云鞋，其中妇女所穿的一种云云鞋，鞋面用五彩色布或绸缎拼接作地，上面压上卷曲的红色云云纹（图7-44）。羌族男子穿的云云鞋的鞋面多为黑色，用红色面料剪成旋转状的云纹，再用白线以缉针绣将其固定在黑色鞋面上（图7-45），红、黑、白三色组成的鞋面色彩非常亮丽，并且与鞋底的绿、黄、红三色既产生对比又相互呼应。加之图案紧凑，线条流畅，针脚整齐，使其成为一件很好的工艺品。此外，补花绣还常装饰于男女所着的背心、长衫的袖口、大襟、衣衩等处。如图7–46是一件羌族妇女的长衫，流行于20世纪20～30年代的茂县赤不苏一带，通过镶、滚、补绣而成的花纹非常精美。图7–47是30年前的一件嫁衣，绣者将黑色云纹补绣于红色长衫大襟的下摆上，使之既喜气、大方而又庄重、和谐。

图7–44 羌族妇女的补花绣云云鞋

图7–45 羌族男子的补花绣云云鞋

图7–46 羌族妇女的补花绣长衫

图7–47 补花绣嫁衣

## 七、装饰精巧的十字绣

十字绣又名挑花、架花、数纱绣，在羌绣中占有重要地位，其原因主要有两个。一是十字绣绣品种类多、数量大，既有单色挑花，如黑地白花或白地黑花，又有彩色挑花，如黑地彩花（图7–48）；既在围腰、飘带上挑花，还在头帕、鞋垫、大襟、袖口上挑花。二是十字绣表现的内容非常丰富，既有表现重大题材的图案，如反映图腾崇拜的“四羊护花”；又有严肃主题的图案，如“围城十八层”（图7-49）；还有活泼可爱的图案，如“狮子绣球”（图7-50）。羌族十字绣除传统纹样外，还有不少创新的纹样，如羌绣传承人王路琼自己独立创作的人物壁挂（图7-51），人物造型生动、朴实可爱。可以说羌族十字绣是一个大“文章”，既有严密的构图，又有丰富的内容、对比的色彩和精彩的纹样，还有精炼而灵活的针法。有的纹样仅用一二十针就挑出一支美丽动人的小鸟，如“玉鸟护花”袖套。这就需要我们对它认真研究、总结、发掘。

十字绣要依据面料经纬线的根数作交叉刺绣，即行针方向一般为水平方向或

图7-48　黑地彩花的十字绣

图7-49　“围城十八层”十字绣

图7-50　“狮子绣球”十字绣

图7-51　王路琼的十字绣作品

垂直方向，绣线在正面形成斜线，并相互交叉成“×”字，背面始终保持为平行线，其针脚显出独特的美（图7-52）。

十字绣工艺性很强，并具有强烈的装饰性特点，自然花形要变化成十字绣，必须将对象提炼成垂直和水平方向的直线或斜线，以此形成简洁硬朗的外轮廓，并产生强烈的节奏感与韵律美。十字绣浮线短，不会因挂丝而影响其坚牢度，挑绣后还能加固面料，因此，除应用在服饰显眼的部位外，还在腹前、袖口处挑绣，使之耐磨。

图7-52　十字绣的背面均为平行的线

## 八、灵活流畅的编针绣

我们在茂县永和乡一带调研时发现一种类似十字绣的刺绣，绣线相互编织、交错、重叠，但又不需要数面料的经纬纱线根数，颇像苏绣、蜀绣的乱针绣，但绣线排列、交织匀称，交错的绣线如同编织的网，可形成各种块面和线条（图7-53）。经多方面了解，并请茂县文化馆馆长余光元先生找该地区的妇女进行调查，才知此针法被羌族妇女称为“庆青梭”（羌语），有的地区则称为编针绣。用这种针法能绣出大小花朵、叶片枝藤，并多绣于围腰上（图7–54）。如图7–55所示，黑色围腰上的图案用编针绣绣成，其线条匀净流畅，同等粗细的线条具有很强的装饰性。茂县松坪沟的男子要打白麻布绑腿，在白绑腿上还要捆长方形的蓝底绣片护腿，它与拴绑腿的绑腿带相连，蓝底绣片护腿的四角分别绣有七条弧线组成的彩虹图案，其针法也采用了编针绣（图7–56）。有的羌族绣品将此针法作为刺绣的辅助针法，如在表现太阳纹光芒四射的线条时，采用编针绣，以产生闪烁变化的效果（图7–57）。

图7–53　编针绣（羌语称“庆青梭”）

图7–54　编针绣多绣于围腰上

图7–55　编针绣围腰

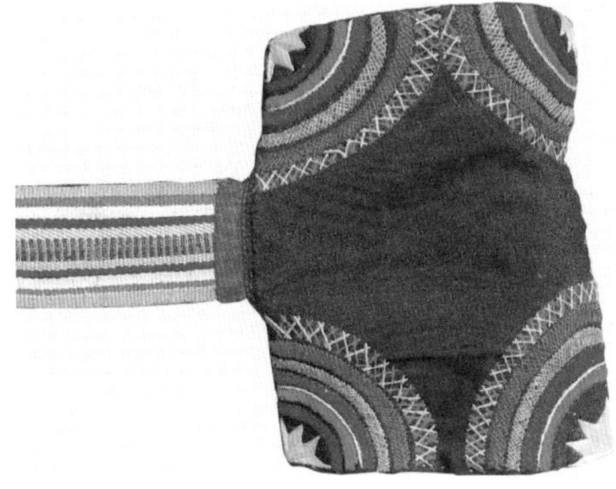

图7–56　茂县松坪沟男子护腿上亦用编针绣绣花

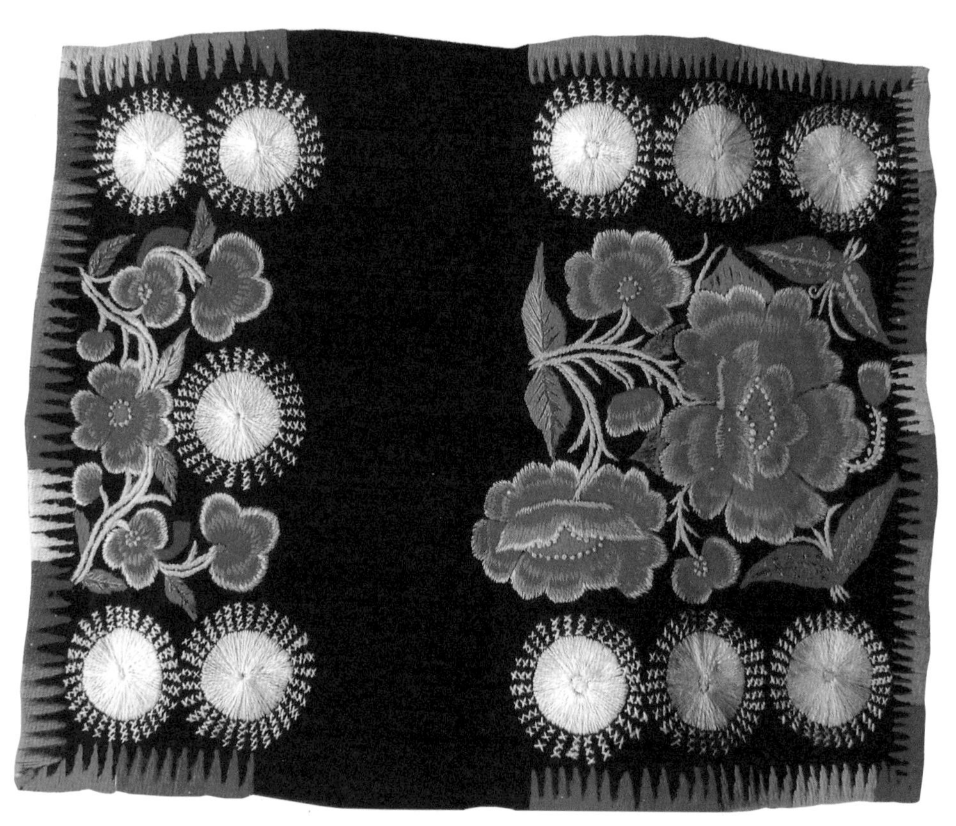

图7-57 编针绣针法绣成的太阳纹光芒

## 九、简练精致的牵花绣

牵花绣又称“纤花”“两面花”“里面花”，即采用单根绣线，绣针按面料的经纬线走向，有规律地来回穿刺，形成上针、下针、顺针、回针，绣出的图案在面料的里和面均呈现规则的几何形花纹。羌族妇女过去多绣于袖口、领口的边饰以及腰上的飘带，当挽起袖口时，袖口面上的花纹和袖里的花纹一致，显出特殊的艺术效果。“鹭鸶采莲”（图7-58）即采用了牵花绣针法，鹭鸶用整齐的长短不同的平行线、交叉线和短直线绣成，长嘴衔着莲花、金瓜、八吉等祥瑞图案，纹样精致而优美。图7-59是牵花绣绣成的“四瓣花”图案，它以45°的方格纹为骨架，中间填充四瓣花纹，严谨整齐的几何纹中有疏密大小的变化，并以宽窄不同的二方连续的花边来表现，具有很强的韵律美。

遗憾的是，近年来在羌族地区进行的田野调查中已经看不到牵花绣的绣品了。

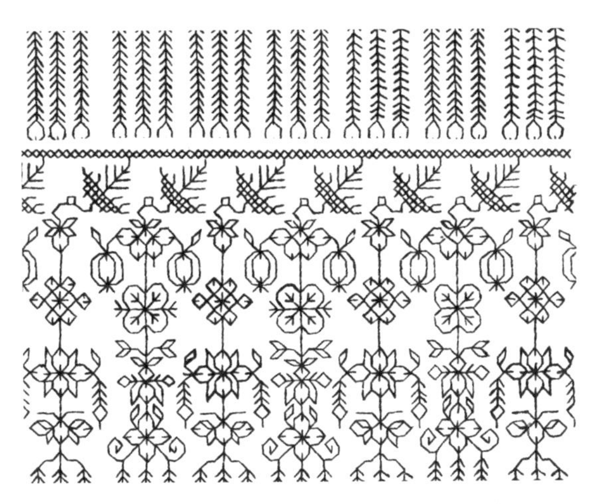
图7-58 牵花绣"鹭鸶采莲"

图7-59 牵花绣"四瓣花"

推断其原因是牵花绣针法要求高、工艺严谨、制作费时，因此，现在袖口、领口的边缘大多用市场上销售的机织花边代替，而少有用牵花绣制作。

## 十、工整朴素的缉针绣

缉针绣以回针法运针，即针脚头尾相接，因此，民间又称"倒钩针"（图7-60）。缉针绣要求针脚长短均匀整齐，绣纹自然流畅，因此，从中可以显示制作者针线上的基本功。此针法多用于补花绣，将补绣的布片固定在装饰部位。图7-61中的云云鞋就采用了缉针绣的针法，将补花绣片放于鞋面上，然后沿着绣片边缘进行缉针绣，由于装饰了色块鲜明的补花，鞋更显细腻耐看。又如装饰在绣花围腰上的方形挑花绣片，四周多用缉针绣将其缝在围腰上（图7-62），一条实线和一条虚线（三针一组）均由缉针绣绣成，并使做工精美的中心纹样——"十字金瓜挑花"更为突出。另外，平绣的花纹边可以用缉针绣来刻画细节，如图7-63所示，在花心处用缉针绣绣出花蕊，刻画出花瓣的轮廓，使绣品显得更为精细，缉针绣起到锦上添花的作用。缉针绣单独使用时，素雅大方，适合老年人的服饰，具有略加装饰的效果；与其他刺绣针法一起运用时，更显丰富多彩，具有粗中有细的特点。

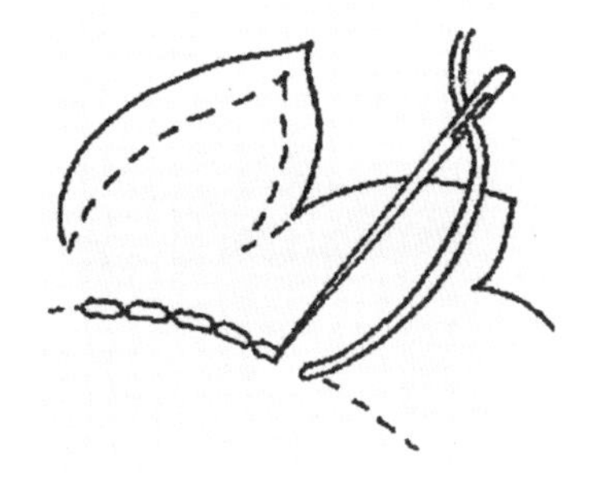
图7-60 缉针绣针法

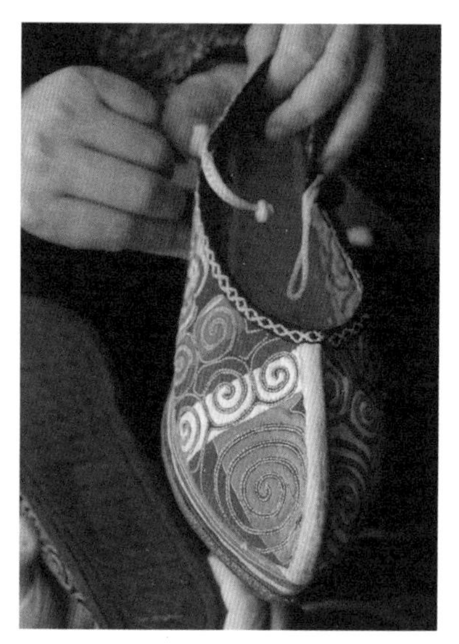
图7-61 用缉针绣将补花绣片固定于鞋面

图7-62 挑花围腰上的缉针绣

图7-63 用缉针绣绣出的细节

## 十一、行云流水的云子花

云子花又称“云云花”，多用于云云鞋鞋面上补花图案的装饰，如图7-64所示，鞋后跟蓝色云纹补花边缘处的白色包边即用此针法。绣时，首先将蓝布剪成云纹状并贴于鞋面后跟，然后以粗白线为绣线沿云纹边缘作云子花（图7-65），即从鞋里向鞋面的云纹补花的边缘出针，在针尖绕一圈白线后再回针钉在前一个云子的线圈内，形成像链条一样的白色花边，环环相扣增加了立体感。亦可用一组彩色丝线盘云子花，如图7-66所示，是在绿色鞋面上盘红色的云子。绣时，先准备两组红丝线，然后用穿有黄线的针挑起面料，将一组红线在针尖上向左边绕一圈，又将另一组红线在针尖上向右边绕一圈，然后抽针，倒缝于前一红线圈内，即形成有立体感的黄心红链条似的云子。

图7-64 云云鞋鞋跟上的云子花

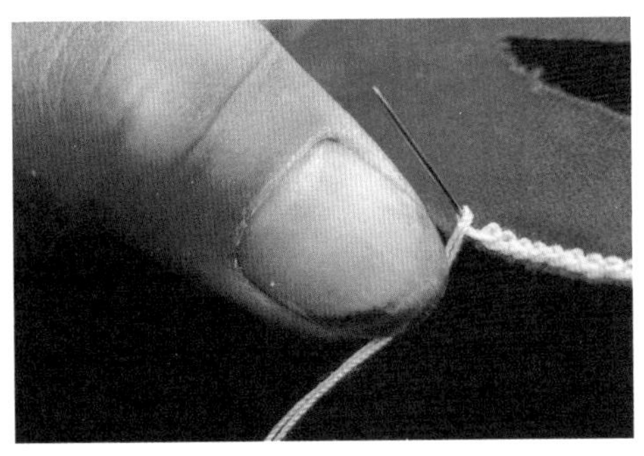

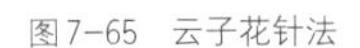
图7-65　云子花针法

图7-66　以红丝线绣出的云子花

# 第四节　羌族织花带

羌族男女均要在腰上缠带，除了宽的腰带和通带外，不少地区系手工编的织花带，它不仅有实用功能，被用来系围腰、背篓等物；同时，还是青年男女重要的装饰品和定情信物。男女捆扎织花带也有区别，男子将花带穗垂于前方，女子则垂于身后。羌族老太太全身已不多用服饰品，但黑白花纹宽的织花带仍作为重要的服饰品系于腰间（图7-67），围腰遮住了织花带的一半，但仍可看到织花带的图案非常精美，这是20年前在羌锋寨所见的织花带，现在已很难看到了。

图7-67　羌族老太太系的织花带是其重要的服饰品

织花带品种主要分为两种，一种为黑白花纹织花带，如图7-68是四川省博物院陈列的羌族羊毛织花带；另一种是加有彩边的宽织花带（图7-69）。织花带的纹样通常为方形纹样，由大小不同的万字纹及变体的万字纹组成（图7-70）。一般一条织花带由24个以上的纹样组成。羌族妇女将这些纹样织入织花带，并赋予神秘的使命，既神气又至高无上，使之增加了无比的魅力。因此，羌族民间传说“织花带具有一定的魔力，故新娘出嫁时嫁妆必须用织花带捆绑，方能保持其圣洁”。

编织织花带之前需要牵经、导纱，民间导纱多用绕线架，织花带也一样，用“工”字形的绕线架导纱（图7-71），采用经线起花，牵经时将起花的色线牵入经线，使之形成起花彩条，因此织出来的织花带厚实、牢固（图7-72），这与蜀锦经线起花的原理相同。牵经后还需将经纱穿综后方可织造，即手提综杆，使部分

图7-68 羌族羊毛织花带（四川省博物院）

图7-69 宽织花带

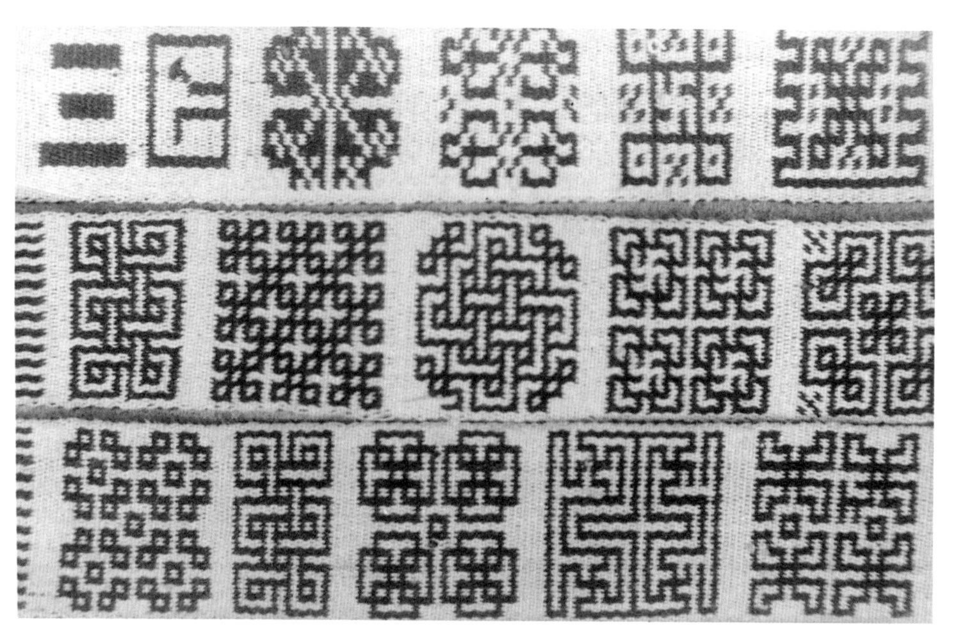

图7-70 万字纹组成的织花带纹样含有特殊的意义

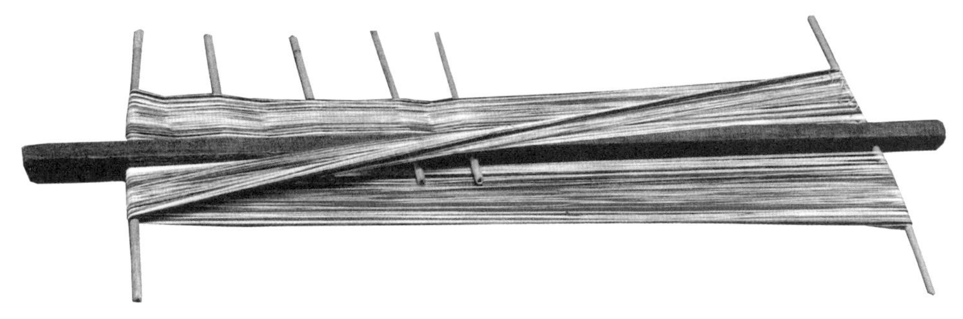

图7-71 “工”字形绕线架

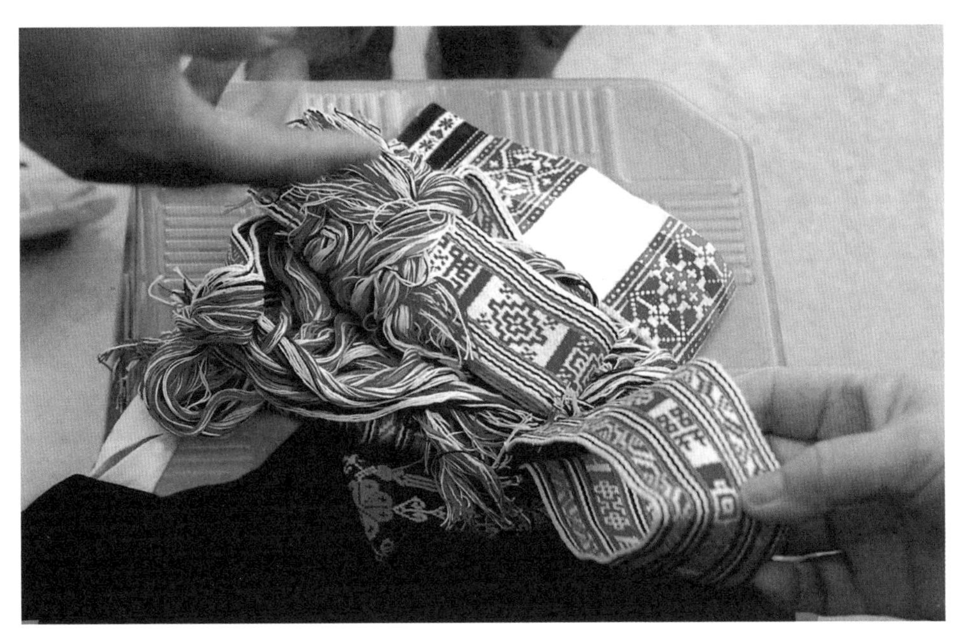

图7-72 经线起花的织花带厚实、牢固

经线提起形成交口，再将纬线织入（图7-73）。织花带采用最原始的踞织方法编织，1992年我们到汶川羌锋寨观看了羌族少女高玉芳编织花带的过程（图7-74）。织花时，将经纱一端固定在房屋的横柱上，卷花带的木棍（相当于织锦的卷锦筒）两端以皮带扣于少女的腰间，少女席地而坐，两腿蹬直，以腰背控制经纱的张力。十几根分经竹片依图案要求依次在经线间穿插以分经线。缠有纬线的梭子穿入梭口，将纬线带入经线，再用打纬刀打紧纬线（图7-75）。织一条织花带一般需用十余天的时间。现在羌族地区能织织花带的羌族妇女已经不多，2009年我们到羌锋寨还能看到手工编织的织花带，在其他地区则很难再看到了。有的羌族妇女则去藏族地区购买采用机器织造并且图案符合藏民审美要求的织花带（图7-76）。

图7-73　织带时提起综杆形成交口

图7-74　1992年作者在羌锋寨采访编织织花带的羌族姑娘高玉芳

图7-75　现在只有羌族老人能熟练地编织织花带

图7-76　机器织出的藏族织花带

# 第八章 羌绣的保护、传承、发展与羌绣传承人

中华悠久的文化，其中特别是各民族文化历史悠久，积淀深厚，丰富多彩。中华民族的复兴，文化强国的创建，首先必须要历史地、科学地、认真地学习和研究各民族文化，以传承几千年来优秀的民族文化遗产。特别是当前已经列入国家级、省级的非物质文化遗产名录应首先得以继承和发展。这些遗产奇妙无穷、技艺高超、内涵丰富，伴随着中华民族的光辉历史，孕育着民族的兴旺衍生。不仅要继承还要创新，几千年的文明史，也是一部继承又不断创新的历史，在继承的基础上创新，在创新的指导下再继承。

## 第一节　羌族刺绣的现状

羌族刺绣为我国非物质文化遗产，是人类共同的财富，需要我们加以保护传承，我们这一代人要保护它，下一代人也要保护它，使这份遗产能够代代相传，并且在不断地传承、更新、发展中弘扬光大。关于非物质文化遗产保护工作的指导方针是“保护为主、抢救第一、合理利用、传承发展”。“抢救第一”对于羌族刺绣所面临的现状具有非常重大的意义。2009年我们第六次深入羌寨采风，眼见羌族刺绣正处于消亡之中，很多针法已经绝迹，很多图案已经无法看到，更重要的是不少羌族年轻人不会制作羌族刺绣，也不喜欢穿羌族服装。能刺绣的中老年妇女，随着年龄的增长而人亡艺绝，后继乏人。随着现代化的迅猛发展，农耕文明正在迅速瓦解，传统的民间文化逐渐丧失赖以生存的环境。人类经济与文化的全球化以及西方文化畅通无阻的影响，再加上人们生活方式的改变和商业行为的侵蚀，这些对羌族刺绣的继承与发展都构成了严重的威胁。2008年“5·12”汶川大地震更使原本就处于脆弱环境中的羌族服饰和羌绣受到严重的打击，这个被称为“云朵上的民族”的家园几乎变成了废墟，仅有30万人口的羌族同胞被夺走了十分之一的生命。不少羌族刺绣、服装被埋葬于废墟之下，在余震的威胁下，羌族妇女仍挖出来清洗晾晒，图8-1中的萝卜寨羌族老奶奶正在寻找被埋的一卷卷麻布和一双双绣花鞋面等刺绣衣物。勤劳的羌族老人总是在为子女、孙子备足衣物，以作最好的纪念。现在40岁以下的羌族妇女能绣花的已很少，她们大多去

图8-1 “5•12”汶川大地震后羌族老人在废墟中寻找被埋的麻布和羌绣品

县城里买机器绣花的围腰，说“这种机绣的围腰平整，但不结实，碰坏一根线，其他线顺着就全脱了。”所穿的服装的花边也是机器编织的，其结果是千篇一律、大同小异。在采风中，我们知道有的羌绣针法早已消失，如牵花绣等；有的刺绣品种已不复存在，如刺绣的针线包、刺绣袖套。20世纪70年代以前还鲜活存在的绣品再也看不到了。

羌绣的传承、发展与利用迫在眉睫，首先应从以下两个方面入手：

一是对现有羌族刺绣传承人积极保护，让她们成为推动羌族刺绣发展的骨干；二是对羌族刺绣开展活态性保护，将羌绣与现代生活需求、现代审美特点相结合，创造适应现代生活方式、富有创新的羌族刺绣生活用品和时尚艺术品。

## 第二节 羌族刺绣传承人的现状

羌族刺绣要传承和保护，必须以人为本，关注和扶持羌绣传承人，使其充分发挥自己善于刺绣的特长，总结经验，提高创新能力，并向他人广泛传授刺绣技能，带动更多的羌族妇女把羌族刺绣弘扬光大。四川省省级羌绣传承人一共有七位，其中国家级羌绣传承人两位。我们在2009年采访了其中的五位羌族妇女。

## 一、国家级羌绣传承人李兴秀

国家级羌绣传承人李兴秀1961年生于茂县松坪沟乡（图8-2）。她6岁时就跟母亲学刺绣，10来岁就能飞针走线，不仅能绣花鸟鱼虫、山水风景，还能创作具有羌族特点的建筑。羌族刺绣使她如痴如醉，并成为她一生的事业。1994年她成立了“羌寨绣庄店”，从此开始了开发羌绣事业的生涯，这也是当时唯一一家从事羌族服饰制作和羌绣生产加工的专业企业（图8-3）。她大胆地把羌族妇女传统服饰用品作为商品引入市场，克服了没有资金、没有人员的困难，积极联合其他几个羌族妇女利用农闲时加工刺绣（图8-4），并突破传统服装款式的局限，自己设计出具有新意的羌族服饰。例如，她设计的羌族云纹背心（图8-5），既保持了传统背

图8-2　国家级羌绣传承人李兴秀

图8-3　羌族绣庄

心补花绣和云纹花饰的特点，同时又将云纹变形为硬朗的几何线条，色彩用湖蓝、黑、红等色，并通过与白地花边的强烈对比，使之具有现代审美特点——简约、概括、对比强烈。这种背心能与现代服装配搭穿着，既传统又时髦。又如图8-6是她在盘状白头帕的基础上做出的别出心裁的设计，通过在额部加饰一长方形绣片，使头饰向上延伸以增加高耸之美和高雅气质。再如她设计的“羊角纹”拖鞋

图8-4　李兴秀带动了一批羌族妇女刺绣

图8-5　李兴秀设计富有新意的羌族背心

图8-6　李兴秀的创新服装

（图8-7），采用大麻斜纹布为面料，以麻布略带黄灰的本白色为拖鞋的主要色彩，采用湖蓝色线通过压针绣绣出羊角纹，色彩搭配既协调又有对比，既文雅又高贵。拖鞋是现代都市生活必需的生活用品，将羌绣融入现代生活，是最好的设计表达和方向之一。

李兴秀不仅在服饰上做出了不少大胆的尝试和探索，还深知羌绣的文化价值，懂得经营之道。2004年她注册成立了“四川羌寨绣庄有限公司”，并担任总经理，在九寨沟、北川以及成都的洛带等地都设有分店，并开办羌族刺绣技能培训班（图8-8），还担任阿坝州羌族刺绣协会会长（图8-9），并热情接待来访的外宾（图8-10）。她带动羌族妇女积极开发羌绣，对事业执着追求，展示出无比美丽的羌族女性魅力。如今，她的事业正迅速发展、蒸蒸日上，我们祝福她越来越好。

图8-7　以大麻斜纹布制作的“羊角纹”拖鞋

图8-8　李兴秀为培训班讲课

图8-9　李兴秀担任阿坝州羌族刺绣协会会长

图8-10　李兴秀接待印第安酋长

## 二、四川省级羌绣传承人汪斯芳

四川省级羌绣传承人汪斯芳1971年出生于汶川县绵篪镇羌锋寨（图8-11）。她初中文化程度，其母也是挑花能手（图8-12），从小受其熏陶，并跟随婶娘汪青树学习绣花（图8-13）。

汪斯芳擅长挑花、平绣、撇花、织花带等，如：“四羊护花”挑花围腰针法细腻、色彩艳丽（图8-14）；“八桃捧寿”挑花纹样丰满，行针严谨，针针相扣，为挑花中的精品（图8-15）；黑白挑花“凤追凤”围腰（图8-16）整体布局得体，围腰中心的大兜上绣有“金瓜回纹”图案，黑白块面以及白线组合的角花形成灰色块面，层次丰富，严谨中展现了创作者的智慧，凤纹虽然在围腰的下摆，但纹样优美，让人过目不忘。此外，汪斯芳的纳纱绣也非常精美，别具一格（图8-17）。这些作品均说明她刺绣技术全面，既有扎实的基本功，又有挥洒自如的创造能力，作为国家级羌绣传承人当之无愧。

这次采访中见到她正从灾后重建自己住房的工地上风尘仆仆地赶来，双手双脚都沾满了泥土。由于建房时间紧迫，还要供一个儿子读中专，经济压力大，因

图8-11　省级羌绣传承人汪斯芳

图8-12　汪斯芳的母亲也是挑花能手

图8-13　汪斯芳随其婶娘汪青树（右一）学习绣花

图8-14 汪斯芳的作品“四羊护花”

图8-15 “八桃拜寿”挑花

图8-16 “凤追凤”围腰

图8-17 纳纱绣飘带

此，她也经常外出帮人修建房屋，当小工，现在几乎没有精力再去挑花绣朵了。

我们还意外地发现，她竟是我们1992年到羌锋寨采风时见到的那个20岁的姑娘，当时在“西羌第一村”的碉楼下我们还合影留念（图8-18），她那时已经具有精湛的羌绣技艺了。18年艰辛的生活及地震灾害使这个不到40岁、本应精力充沛的羌族妇女身心疲惫、双手粗糙，很久都未再拿起那纤细的绣花针了。

图8-18 省级羌绣传承人汪斯芳（右五）20年前在羌锋寨碉楼前与我们的合影（右四为作者钟茂兰）

## 三、四川省级羌绣传承人陈平英

四川省级羌绣传承人陈平英1957年生于汶川县龙溪乡布兰村（图8-19）。她擅长刺绣、挑花、剪纸，并自己设计刺绣图案，结合现代旅游市场的需要设计制作出羌绣壁挂等绣品（图8-20）。此外，她头上戴的绣花帽也是自己设计制作的（图8-21），所穿的服装、系的围腰都是自己精心绣制的（图8-22）。陈平英住在汶川县城，一方面照顾有病的丈夫，另一方面通过绣花维持家庭生计。

陈平英热爱羌族刺绣，勤奋好学，善于创新。有一次她去成都青羊宫看到一件木雕的龙纹图案十分好看，就找废纸照此用手撕成近似的纹样，回来后再绣成绣品。她渴望学习一些传统图案，又苦于没有资料。为此我们给她和其他几位羌绣传承人寄去了有关的图书、图片和复印资料。我们在四川文化产业职业学院开设了与服装设计专业相关且以羌绣为内容的民间美术课，并请她给学生讲授“羌族刺绣针法”的课程，这样也利于她系统总结自己的刺绣经验以便传授给学生（图8-23），另外也让她旁听我们讲授设计中的基础知识课程，如纹样组合、色彩配置等内容，她均热心参与。

图8-19　省级羌绣传承人陈平英

图8-20　陈平英设计绣制的壁挂

图8-21　陈平英制作的绣花帽

图8-22　刺绣围腰

图8-23　陈平英向学生传授羌绣针法

## 四、四川省级羌绣传承人王路琼

四川省级羌绣传承人王路琼1963年生于理县桃坪乡桃坪寨（图8-24）。她对羌族刺绣的各种针法均全面掌握，并系统总结出要点和特点，2008年10月她开始参与阿坝藏族羌族自治州举办的羌族妇女刺绣培训班的教学工作。据她介绍，这个班每月开办一期，每班招收120名学员，学员均为年轻的羌族妇女，该班将连续开办3年，这为羌族刺绣的发展起到很大的作用。

王路琼热爱羌绣事业，乐于教书育人，对羌族刺绣传统的技法及表现形式都非常娴熟（图8-25），自己也设计制作了不少作品送往各地展出。其中，特别突出的是她创新的黑白挑花壁挂，如表现她的家乡桃坪寨的碉楼和羌族人民生活的《碉楼人家》（图8-26），画面中心是碉楼，两侧是一对装饰性很强的狮子，下面一组人物特别生动，有赶牛车的、扛着犁的、背着背篼的……五个人物动态各异但又相互呼应，人物之间穿插着小鸡、小狗，天上飞着小鸟，生活气息浓厚。整个构图以碉楼为中心，主次分明，虚实得当。此外，碉楼采用了大面积的黑白对比，使整个画面色彩亮丽，主体突出。同时，碉楼还用晾晒的玉米穗子作装饰，并用万字纹和小点装饰墙面，使黑色块面有了变化。只是碉楼上半部分稍显单调，若在窗户旁留有白线或白点，形成灰色调，色彩层次关系会更好些。又如大幅壁挂《牡丹图》（图8-27），色彩艳丽，针法严谨，层层花瓣和大片叶子用压针绣绣成，大花小花有退有让，虚实得体，构图布局恰到好处。再如作品《龙门鲤鱼》（图8-28）和《婚嫁图》（图8-29），针法细腻，造型生动。

图8-24 省级羌绣传承人王路琼

图8-25 王路琼在示范针法

图8-26　王路琼自己设计并绣制的挑花作品《碉楼人家》

图8-27《牡丹图》壁挂

图8-28 《龙门鲤鱼》

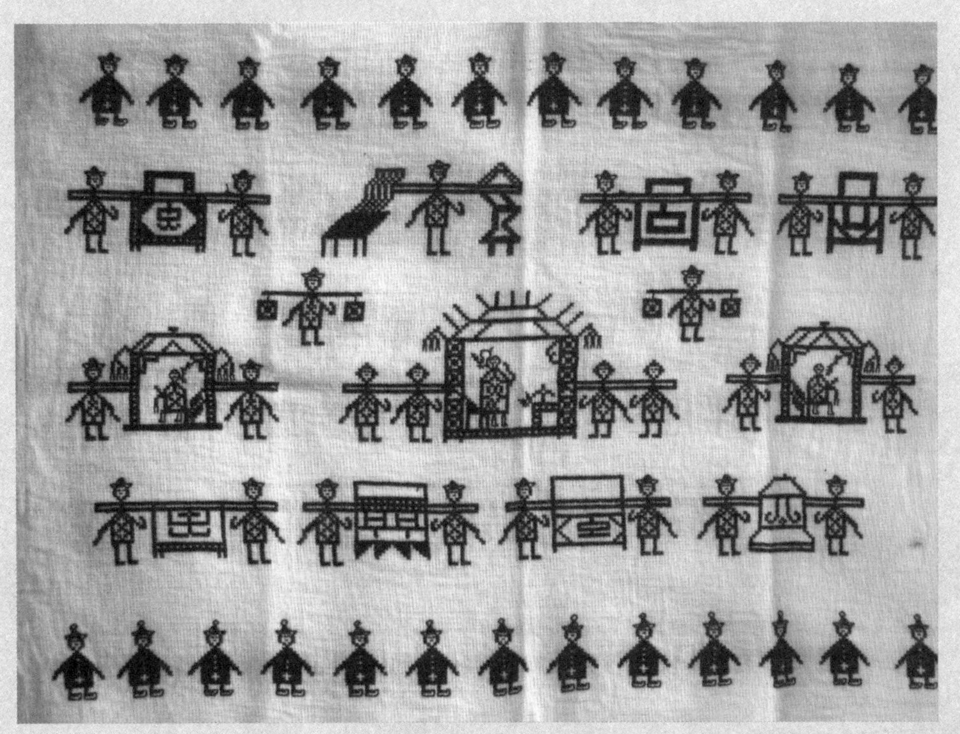

图8-29 《婚嫁图》

## 五、四川省级羌绣传承人马新琼

四川省级羌绣传承人马新琼1964年生于茂县三龙乡勒以村，她善于平针绣、参针绣、纳纱绣和剪纸等（图8-30）。图8-31是头上包的头帕，这是她的作品，非常精美。图8-32是她为新娘绣的云肩，花纹精细，色彩华丽。图8-33是她亲手绣制的围腰，图案别具一格，三朵硕大的牡丹两侧飞翔着两只鸟，其尾羽飘逸，生动有趣，她告诉我那是锦鸡。图8-34是她为服装绣的边饰，富丽堂皇。她还拿出了爷爷传下来的白色麻布绑腿和红色织花绑腿带，这些都是她家自己制作并珍藏至今的传家宝（图8-35）。

图8-30　省级羌绣传承人马新琼

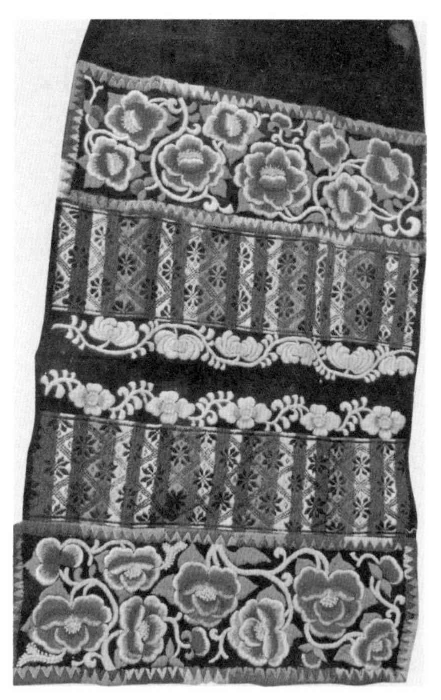

图8-31　刺绣头帕

图8-32　刺绣云肩

图8-33　马新琼绣的围腰

图8-34　服装绣边

图8-35　白色麻布绑腿

# 第九章 民间工艺美术与少数民族服饰技艺创新

# 第一节　民间工艺美术的理念与元素运用

## 一、“温故而知新”的理念

早在公元前五百多年的春秋时期，孔子就提出了：“温故而知新，可以为师矣。”这句名言被收入《英国大百科》全书中，作为人类文化的经典论述。它简明扼要地将“故”与“新”，“传统”与“创新”的关系论述得非常精辟、清晰，即在温习旧的、固有的知识文化的基础上，去体会、发现新的知识文化，旧的、故有的知识文化不能丢弃，需要去伪存真，将优秀的文化加以保护发扬，同时还要从中体会、认识、总结，并创造出新的文化。

中国传统文化的保护和传承创新是两大范畴，创新对于传统固有的文化也是一种活态的保护。

古老的羌族服饰、刺绣能保存下来，说明它具有顽强的生命力和广泛的群众基础，但要得到发展，必须走创新之路。羌族服饰、刺绣是在原有的生态环境中产生的，是根据当时羌民族的需要而存在的，我们既要保存它原有的生态特点，将原有的羌族服饰、刺绣品收藏陈列于博物馆加以保护；同时还要根据现代生活方式和审美需要对羌族服饰和刺绣进行开发、利用和创新，通过活态的保护，设计出新的艺术形象，用新的手段去制作，使之融入现代人生活的领域并成为现代生活的时尚。

## 二、现代设计离不开少数民族艺术的“中国元素”

少数民族服饰、刺绣是中华民族传统文化中保存得最为完整的一部分，是中华文明的活化石。他们地处偏远的山区或高山大川地带，交通闭塞，受现代文明的冲击相对较少，故他们至今仍保持着较为原始古朴的着装特点。仅以服装款式最初的几个发展阶段为例：人类服装从旧石器时代末期起，经历了“草裙时代”“披裹式时代”，再到“贯头衣时代”。“草裙时代”的人们以采集为生，以树皮、草叶为衣饰，直到现在某些民族仍保持着“草裙时代”的痕迹，如傣族用树皮制作的树皮衣，土家族祭祀祖先盛典穿着的“毛古斯”草裙衣，苗族、侗族祭祀祖先时穿着“帘裙”，均以模仿原始社会时所穿的草裙，以此追寻对本民族祖先的记忆与悼念（图9-1～图9-3）。

“披裹时代”即以单块面料披饶于身，如遮背式、披肩式的斗篷。大凉山彝族的披毡、察尔瓦，纳西族妇女的“七星披肩”，独龙族盛大节日时裹身的“独龙毯”，苗族的花披肩，蓝靛瑶的披肩，高山族的方衣……在重大节日和祭祀时均要着此款式服装（图9-4～图9-6）。

贯头衣是在单块披裹式的基础上发展起来的，比“披裹式”前进了一大步。这种服装基本款式定型，不做裁剪，将两个身长的单块面料对折，从中间留一开口或开一圆洞，头可以从中伸出的服装款式。贯头衣前后两片可以在双臂下缝合，形成服装的基本形，也可在腰间拴上腰带使之固定。这种兴于五六千年前的服装款式在很多民族中仍然保存至今，如彝族的贯头衣、白裤瑶妇女穿着绣有瑶王印的贯头衣、仡佬族的仡佬袍、南丹苗族的黑色挑花的贯头衣（当地称为“马

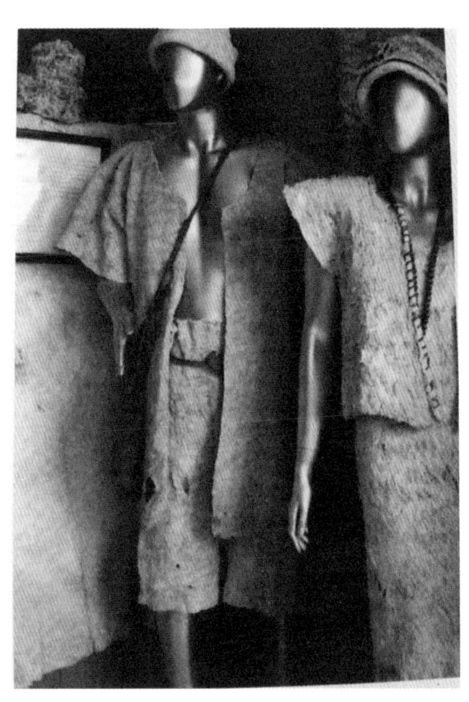

图9-1　傣族的树皮衣

图9-2　侗族“帘裙”

图9-3　土家族的“毛古斯”草裙衣

图9-4　彝族妇女身披白色披毡

图9-5　毕节小花苗少女身着花披肩数件，可赠予男友

图9-6　彝族男子披的“察尔瓦”

鞍衣”）、花溪苗族“旗袍服”等（图9-7、图9-8）。这些服装作为盛装，在本民族重大节庆、祭祀活动中穿着，体现了对祖先的怀念，也显示出本民族千百年来发展历程的踪迹。

图9-7　彝族妇女所着贯头衣

图9-8　白裤瑶妇女所着贯头衣

## 三、羌族服饰刺绣中含量极为丰富的“中国元素”

在传统羌族服饰刺绣中，有很多中国元素，例如，中国红、羊头纹、云云花……这些都是羌族人民喜爱的元素，在现代设计中可以加以传承与应用。

### ❶ 中国红

羌族崇尚红色，有着悠久的历史，传说缘于上古。对红色的崇尚，一说羌族与炎帝同源于古氐羌，《太平御览》称：“神农氏羌姓，……以火德王，故谓之炎帝。”在色彩崇拜和喜好上继承了古氐羌人的传统。另一说周朝始祖为姜嫄，亦为古羌人，周人亦崇拜红色。源远流长的华夏族，后称为汉族，对红色的追求不仅是因为红色光波最长而热爱，历史上众多的古羌人融入华夏族也有一定的渊源。中国红成为世界公认的代表着中国文化的色彩。羌族人至今仍以红色最美，他们最庄重高贵的礼节就是“挂红”（图9–9），犹如藏族人敬献白色的哈达一般。羌族妇女人人都有一件红色长衫（图9–10）。老年妇女也会缠上一条红腰带。羌族男人祭祀时穿白色的麻布长衫，也会在腰上拴红色腰带（图9–11）。很多地区的羌族男女都有打红绑腿的习俗（图9–12）。少女更要穿上红袜和红绣鞋，一身红色如火焰一般，具有强烈的活力（图9–13）。

图9–9 长歌祭祖的羌族人“挂红”礼节

图9-10　着红衣是羌族妇女最常见的服装

图9-11　羌族男子也要拴上红腰带

图9-12 永和羌族妇女打红绑腿

图9-13　少女穿上红袜和红鞋

### ❷ 羊头纹

“羌”即牧羊人。东汉许慎《说问·羊史》释之“羌，西戎牧羊人也。从人从羊”。长期以来，羊与羌族人的物质生活和精神生活紧密相关。羊既是他们的物质财富，又是他们的精神支柱。羊成为羌族人的图腾。

羌族刺绣中的羊头纹记载并表达了羌民族对羊深厚的挚爱之心与尊敬崇拜。羊头纹夸张了一对大羊角盘转有致的变化，占据了整个羊头图案的三分之二，如冠冕般高高耸立，既威武又庄严。

### ❸ 云云花

羌族人一直流传着穿“云云鞋”的习俗，年轻人盛装时要穿，谈情说爱时也会成为少女给男友的定情之物。

云云鞋上的“云云纹”代表火镰纹，它表达了羌族人对祖先寻求火种、对火崇拜的心理。羌族服装开衩处、背心的门襟和围腰上也多用云云纹（图9-14）。从古羌人有着亲缘关系的彝族服饰上也可以看到这种纹样，尤其是大凉山的彝族服饰、头帕、帽子上均装饰着富有变化的火镰纹（图9-15），它体现出对火崇拜的形象化。

图9-14 羌族少女背心门襟上的云云纹

图9-15 彝族服饰上多用火镰纹装饰

## 第二节　创新思路与途径

古老的民间工艺美术如灿烂的山花让人无比热爱，自从20世纪80年代，笔者开始自觉地、有目的性地进行研究，同时也思考如何保护传承民间工艺，使之发扬光大并运用于现代生活中。为此，笔者为一些高校本科开设了民间染织美术和民间图案课，以“民间工艺美术的现代运用”为课题作为研究生的研究方向（图9–16）。

笔者带学生到民族地区采风，收集整理民间图案，感受民间艺术产生和形成的生态环境，了解图案特点、纹样内涵、工艺特色。既要了解它的最后形态，更要了解它形成与制作的过程。我们注重如何将民间艺术适应现代的审美需要，运用于现代生活。这些努力均有利于学生民族审美心理的渗透，从而播下民族艺术的种子，烙下民族审美情趣的烙印，这才可能实现中华优秀传统文化创造性的转化和创新性的发展。

图9–16　民间工艺课上，笔者为学生讲解作业

## 一、审美观念创新

要创新，首先要突破审美理念上的惯性思维，切忌以主观的审美经验来评价民间工艺美术和少数民族艺术。突破审美理念上的惯性思维，即突破常态上对艺术形式的认识，否则就容易束缚思维，固定于一种理念。尤其是忌讳以主观的审美经验来理解、评价民间工艺美术和少数民族艺术。因为审美经验是建立在汉文化的基础上，而少数民族的艺术是经过该民族世代传袭下来的群体文化。我们应尽量从民族文化的角度来认识这些艺术。若拿汉文化的审美观念去硬套必然会产生不少谬误。例如“龙”，苗族与汉民族的观念是大不相同的。苗族的“龙”有很强的人情味，它是平民百姓均可共享的艺术品。它的艺术形态更夸张、更朴实、更随意、更稚拙（图9-17）。与龙纹在一起的是苗族称为“鹡宇鸟”的纹样。

实践证明，年轻学子通过民间、民族地区的采风，很快地接受了民间美术的熏陶，他们经历了对民间美术从茫然不解、不屑一顾到爱不释手的过程。他们突破了固有的思维束缚，开阔了视野，发现了新的艺术形式，进而唤醒了他们对民间美术的热情和创作有自己民族特色作品的愿望。

图9-17　苗族刺绣的龙纹

三十年前，我们给学生上完少数民族图案课后，他们在自己的心得体会中热情洋溢地写道："在整个学习民族图案中始终感到一种兴奋、一种紧张。这来源于自身？来自民族文化的积淀？无法说得明白。也许来自对大自然美的寻求。用另一种眼光来审美，于我们无疑来说是很需要的。对于我们领悟到的民族风情、民族审美，并尽量能运用这种审美来改善、丰富我们的设计。""这块肥沃的民间艺术土壤才是我们搞设计扎根、依恋的地方。它使自己进入一种新的艺术天地……"民间工艺美术强大的魅力感染着年轻人，让他们走上了健康、正确的设计之路。

民间美术的色彩、纹样以及构成均有着不寻常的特点，如大红地上鲜艳的绿色运用，强烈的红绿对比如何统一，羌族妇女在着装和刺绣时均有特别的处理办法。当他们穿着鲜艳的钴蓝色镶饰杏黄缎地绣花宽边长衫时，外套黑色背心，仅留出领部、袖口、后摆处的蓝黄对比，黑背心与黑围裙起到绝妙作用（图9-18、图9-19）。笔者在茂县街上见一羌族大嫂，身着粉绿色长衫，系一条黑底绣红色大团花的围裙，由于外套黑背心，包白头帕，黑白二色为这红绿对比起到了重要

图9-18　蓝色长衫和杏黄花边对比强烈

图9-19　穿上黑背心、黑围腰后全身色彩统一

的协调作用（图9-20）。大嫂年龄可能有50岁左右，正是这些具有强烈生命力的红绿对比，让她显示出青春活力。红绿对比的色彩组合往往让我们难于支配而不敢运用，但羌族妇女却能够运用得恰到好处，让人们为之叹服。笔者上民族图案课时，一名学生临摹土家族织锦“娑罗花”图案，深受其红绿对比的色彩感染，并借用其色彩关系重新组合图案，既有土家锦的原始意韵，又具有现代图案构成的特点（图9-21、图9-22）。

图9-20　永和妇女多着粉色服装

曾有媒体发布了中国女明星在戛纳国际电影节开幕式上穿着红绿“东北大袄”的消息。20世纪，中国人非常熟悉的大花被面，采用红绿对比花布成为当代追求“中国风”的时髦，因为它代表着强烈的中国味。后来，笔者来到四川美术学

图9-21　“娑罗花”图案设计1

图9-22　“娑罗花”图案设计2

院，看到校园里正在举办以“创意世界，放飞梦想”为主题的“川美·创谷创意集市”，学生们自己摆摊设点（图9-23）。一个女生做的红绿木手镯、木耳环、挂件特别受大家青睐，另外还有红黄蓝三色的绣花茶垫（图9-24、图9-25）。他们走出了学院派的灰调子，在红绿对比中寻找到中国意蕴。

图9-23　四川美术学院“川美·创谷创意集市”

图9-24　红绿对比的饰件

图9-25　红黄蓝三色的绣花茶垫

## 二、专业教学创新

笔者认为，应该多聘请一些国内外民间艺术家、羌绣传承人到课堂传授技艺，借以引导学生创作出有新意的设计。早在1982年，笔者通过民间采风，了解到自贡扎染厂张宇仲先生及其女儿张晓平女士（现为四川省工艺美术大师，国家非遗传承人）长期从事民间扎染研究，便专门请他们到四川美术学院为学生上课，取得了很好的效果。笔者将共同研究的成果以及师生的扎染创新作品编辑成《四川扎染》一书（四川美术出版社1985年出版），这大约也是四川省第一本介绍扎染的专著。该书成为不少高等美术院校的教材。从此时开始，四川美术学院掀起了“扎染热”，很多油画系、雕塑系的学生也来参加该选修课，成为全校选修课的热门课程，期间也出现了不少富有新意的扎染作品（图9-26）。

1993年在上海举行“中日扎染技术展示会”，笔者结识了日本乐染会主席出原修子夫妇。之后，笔者便邀请他们来四川美术学院讲课。因为一千三百多年前的唐代，中国就将扎染技法传到日本，因此他们心怀感恩之情地接受了邀请，并连续七年自费来四川美术学院讲课，传授他们在扎染艺术研究方面的新技法，并被四川美术学院聘为客座教授（图9-27、图9-28）。

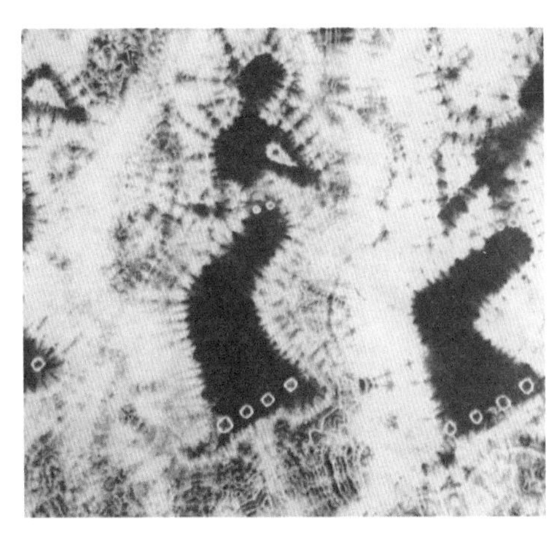

图9-26 《傣舞》扎染壁挂作品

退休后，笔者为四川文化产业职业

图9-27 在“中日扎染技术展示会”上结识了日本出原修子夫妇

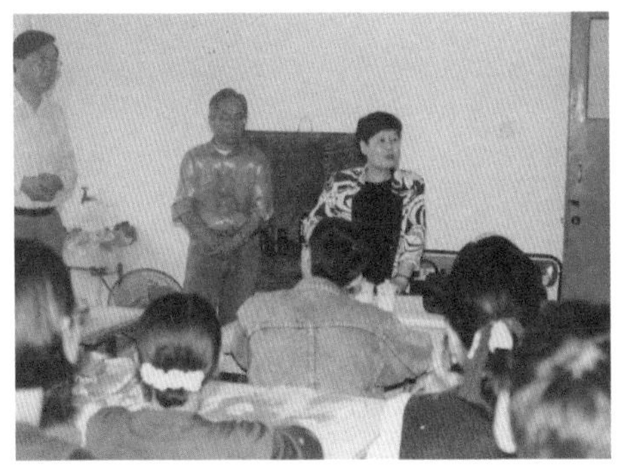

图9-28 出原修子女士为学生讲授扎染知识

学院开设民间美术课，其中羌族刺绣部分，笔者邀请了羌绣省级传承人陈平英到课堂上课，传授她的刺绣针法和技艺（图9-29）。她热心、真诚地向学生传授了几十年积累的各种针法、实践经验以及审美感悟，从剪纸花样到将画稿转移到面料上，再到羌绣的各种针法，令学生们受益匪浅（图9-30）。尤其是通过教授压针绣

图9-29　羌绣传承人陈平英为学生上课

图9-30　陈平英介绍如何将剪纸花样用于绣花

技法，使同学们掌握了大面积刺绣纹样的方法，在初学刺绣时就能绣出光亮平顺的绣品（图9-31、图9-32）。在教学过程中，民间艺人与学生相互取长补短、教

图9-31　以压针绣制作的石榴纹绣品

图9-32　设计并用羌绣针法制作的绣品

学相长，同学们在老师的指导下，在设计制作中大胆采用各种色线，并注意把握好色调，突出间色和灰色的变化以及色晕的明度推移等色彩处理，使许多红绿对比的传统羌绣的色彩更显丰富（图9–33）。

图9–33　用红绿色对比使色彩鲜明

## 三、工艺美术探寻

寻找民间工艺美术的“兴奋点”和“关键点”，是创新的重要途径。通过对民间工艺美术的学习，启发艺术灵感，汲取营养，寻找民间工艺美术中最能打动自己、激发自己创作灵感的“兴奋点”以及与其他民间工艺美术不同的“关键点”，是我们创新的重要途径。“兴奋点”和“关键点”是民间工艺美术的独特语言，用它来形成新的艺术形式和视觉形象，从而表达自己的创意，因此应学会运用对自己产生震撼作用的“兴奋点”和“关键点”，将它“剥离”出来，让它成为自己设计中的主要元素，并采用扩大充实或简化省略，或打散重构、移花接木的手法，从而达到设计的升华，创作出不同凡响的作品。笔者在研究民间扎染与民间蓝印花布、民间蜡染的不同点时，深感民间扎染所具有的独特美在于扎染用线防染、扎结后，由于染液渗透的不同，花纹形成边缘模糊、形象朦胧、层次丰富的效果，而且具有浑然天成的效果（图9-34）。因此，专门写了一篇文章《朦胧美——扎染艺术的精灵》，并在“中日扎染研讨会”上讨论。笔者还采用“反扎”——背景采用大面积的扎结方法以突出这种富有变化的特点，制作出《黑天鹅》和《熊猫》壁挂，由于背景捆扎后染出自然的色韵，犹如天鹅在水中嬉戏时翅膀扇起水花四溅的效果，极大地增加了画面的动感。《熊猫》壁挂也采用反扎手法，产生出毛茸茸的感觉，更为可爱（图9-35、图9-36）。

在民间图案教学中让学生理解民族图案对一个民族所具有的特殊含意，土家族织锦中有大量的钩状纹，如万字八钩、十六钩、四十八钩等。钩状纹是什么含义？一说土家人长期在深山打猎，春天来临见发芽的枝干，用钩状纹来表现具有生命力的嫩芽；另一说是表现土家姑娘对未来的向往，在织土家锦时唱的民歌正表现了她们的心愿：“四十八钩织得好，

图9-34 民间扎染“双鱼戏莲”床单

图9-35 《黑天鹅》扎染壁挂

图9-36 《熊猫》扎染壁挂

勾勾钩住郎的心。”一位学生设计了别具一格的黑白钩状图案，既保持了原来钩纹正反相生、相辅相成的特点，又通过错位排列以及点线填充，组成了新的纹样（图9–37）。我国香港大一艺术设计学院在20世纪90年代寄给笔者一张请柬，根据中国每家每户贴门神的习俗，设计了两扇木门开启的封面，以一对现代青年男女代替传统年画人物的神荼、郁垒，色彩采用了鲜明的红、绿对比，更增加了中国特色（图9–38）。我国香港著名设计师靳埭强为中国银行设计的标志抓住了中国古代钱币中“外圆而内方”的关键点，仅在方孔的上下加一竖线，既打破了原来钱币的基本形，让它成为新的艺术形象，而又未脱离中国钱币的基本特征（图9–39）。

如何表现中国意味的服饰，世界著名服装设计师瓦伦蒂诺（VALENTINO）就表现出他卓越的才能和中国情结。1994年在北京举行的国际服饰论坛，瓦伦蒂诺带来了几十套具有中国风格特色的服装（图9–40）。在服装展示前放了一段视频，他所收藏的中国瓷器、中国漆器，正是他创作的灵感来源。明代青花瓷的缠枝纹

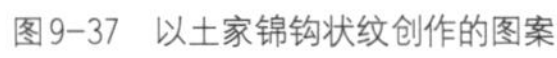

图9–37　以土家锦钩状纹创作的图案

图9–38　我国香港大一艺术学院设计的请柬

图9–39　中国银行标志

样，清代的粉彩花瓶以及红色贴金的雕漆山水人物……均成为他服饰设计中的“兴奋点”，表达了他对中国文化的向往和追求。四川美术学院青年教师缪根生到景颇族地区采风，深为景颇族朴实、坚韧、彪悍的民族性格所感染，他设计出强烈红、黑、白的色彩对比，以折线和菱形的几何形为主的强节奏服饰系列，形成了不同凡响的视觉效果（图9-41）。

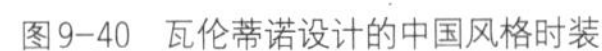

图9-40　瓦伦蒂诺设计的中国风格时装

图9-41　在景颇族地区采风后的服装设计

## 四、传统与现代设计融合

羌族服饰、刺绣的“兴奋点”和“关键点”在于与现代设计融合。羌族服饰刺绣令人注目的“兴奋点”和“关键点”比比皆是，在刺绣纹样方面如羊头纹、羊角花、云云纹、万字纹、石榴纹等。尤其是被四羊护花纹样吸引的学生们，认识到它不仅是古羌人羊图腾的体现，并且纹样精炼、华美，具有极强的感染力，为此创作并绣制出以羊头纹为图案的挎包、双肩包、钱包等（图9-42~图9-44）。羌绣中有不少石榴纹，形象丰满而华丽，学生们将其借用到自己的设计中，并绣出色彩斑斓如宝石般的石榴纹样作品（图9-45）。

学习中让学生们牢牢记住接触羌绣之初的第一感受，尤其对羌绣中的“兴奋点”和“关键点”要始终保持新鲜感。我们曾让服装专业一年级的学生在学习羌绣服饰和羌族刺绣之后以“云朵羌寨”为主题，激发学生的创作灵感和热情，虽然第一次的服装设计作品稍显稚拙，但却充满激情，如图9-46表现了羌族人生活

图9-42　受羌绣四羊护花纹样感染，创作绣制的挎包

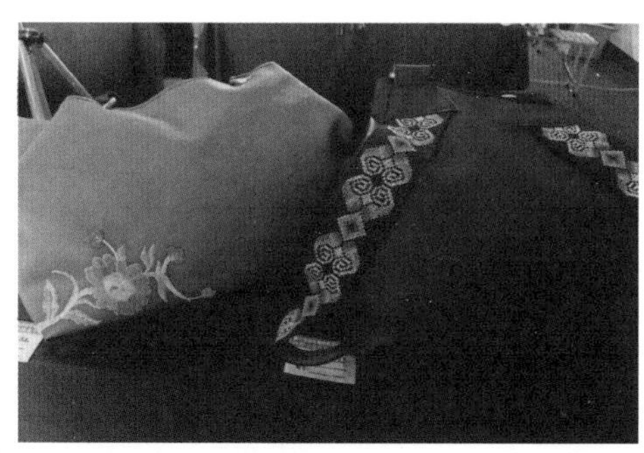

图9-43　带有羊头纹的双肩包

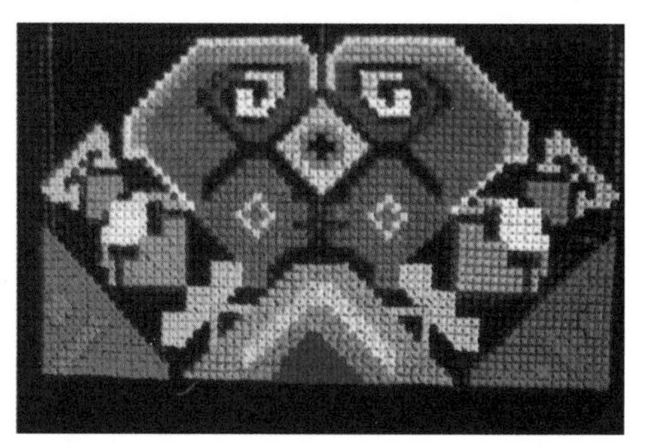

图9-44　设计制作的羊头纹钱包

图9-45　设计并绣制的石榴纹

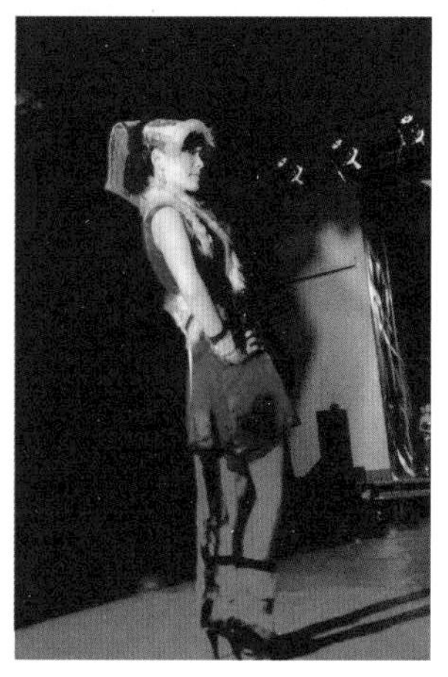

图9-46 《云朵羌寨》服装设计之一

在四川西北高原的状态，服装古朴，极具厚重之美。有的作品表现了羌族人生活在高山云雾之间，服装散发出飘逸流动之美（图9–47）。有的学生用云纹设计出的钥匙链和牛角梳也别具一格（图9–48、图9–49）。

学习刺绣设计时，应培养学生们学会用剪纸来表达自己的设计意图。先用剪纸剪出设计稿，把构思的主要纹样用剪纸表现出来，这也是羌绣民间艺人所擅长的。当时请羌绣传承人陈平英为大家做示范，通过剪纸方法使学生能看出自己设计作品大的块面关系和黑白对比效果（图9-50）。例如一位学生用石榴纹和羊头纹设计，剪出后可看出大效果不错，直线和曲线的组合恰到好处，对比强烈，变化有致（图9-51）。石榴纹是主体纹样、是实形，采用大块面中局部稍有变化的方式，石榴籽和卷草用线构成虚形，取得虚实相生的效果。四角是粗壮的直线组成羊头纹，与中心圆弧形的石榴纹、石榴籽和卷草既对比也有呼应。整体设计节奏

图9-47 《云朵羌寨》服装设计之二

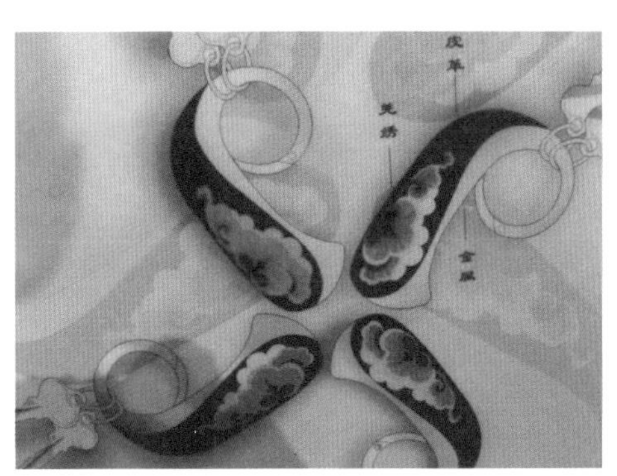

图9-48 云纹钥匙链

图9-49 云纹牛角梳

图9-50 剪纸花样

图9-51 石榴纹剪纸

与韵律感都很强。另一个男生将羊头纹设计如廊柱，用上了羌族人视为神树的柏枝纹样（图9-52）。在他亲自刺绣时又做了有趣的调整，使作品得到升华，更为完美。例如，将柱顶羊头纹进行夸张，大大小小的花朵呈现出放射状光芒，蓝色与黄色的对比使画面更加闪烁跳跃。用退晕色彩的手法将柱与底座的红绿处理得非常协调，比起剪纸的图稿视觉效果更好（图9-53）。把云云纹与羊头纹进行巧妙结合，这是图9-54设计的特点，最后以锁绣完成了作业，效果也不错。

设计时，色彩组合如何保持羌绣色彩浓艳、多用原色和对比色的特点，又能被现代人接受，这是创新中应该重视的环节。羌族人长期生活在高山大川之间，有的地区如赤不苏处于高寒山区，一年平均气温只有9℃。冬天冰雪覆盖，夏季一片翠绿，这也是羌族人喜欢红色或对比色的原因之一。用于现代设计既要保持色彩强烈的力度，又要为现代都市人所接受，为此我们可以处理成色彩的明度渐变或色彩退晕，让对比色用渐变的方式逐渐统一。赤不苏地区的羌族妇女巧妙地运用这种配色法，绣的瓦帕花纹按色彩的明度高低进行排列，即不分色相而以明度为准，从高明度到低明度（从浅至深）进行排列。这

图9-52　羊头廊柱纹剪纸

图9-53　羊头廊柱纹刺绣效果

种色彩搭配使整体色彩秩序化，从而产生强烈的韵律感，进而达到和谐之美（图9–55）。色彩退晕也是羌族刺绣中常用的配色方法，结合参针绣使大朵花瓣色彩呈现从深至浅的渐变效果（图9–56）。只是色彩上缺乏过渡变化，尤其是叶片都是翠绿色，可适当用上秋香绿、豆绿或各种绿灰色效果就更好。我们让学生们借鉴羌绣纹样的同时，色彩上注意掌握色调之美（图9–57）。采用退晕法或明度渐变法，使绿色和橘黄色、绿色和红色在对比中求得和谐统一的视觉效果（图9–58）。

为了便于考虑色块的搭配，设计教学在剪出纸样后会增加一个环节——画出色彩稿，然后进行绣花，增加画色稿的环节非常重要，使同学们从中理解不仅是一般配色原理，也为古老图案与现代审美搭上一座桥，使传统纹样能为现代人所接受（图9–59~图9–62）。

在教学过程中，同学们对学习羌绣怀着极大的热情，不分昼夜地赶制绣品。图9–63中，一些男同学以前从未使用过针线，也拿起绣花针，虽然遇到不少困难，但仍非常认真地进行绣制（图9–64）。

图9–54　羊头纹剪纸

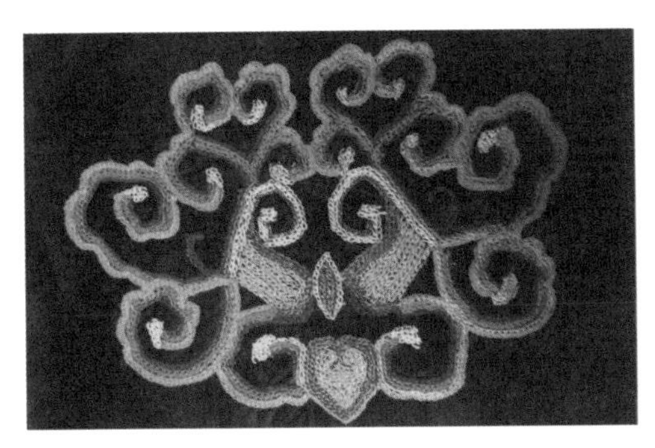

图9–55　锁绣的羊头纹

图9–56　赤不苏地区的瓦帕，充满秩序感的色彩

图9-57　色彩的退晕推移

图9-58　指导学生注意色彩的配置

图9-59　对比色经退晕手法处理而达到协调统一的效果

图9-60　设计时先剪出纸样

图9-61　画出色彩稿

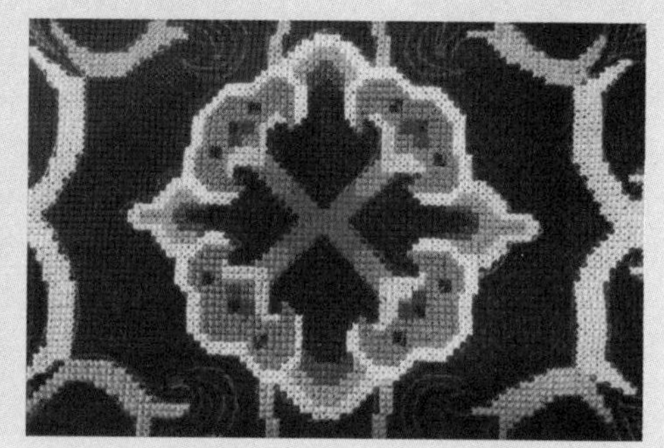

图9-62　完成后的刺绣作品

图9-63　认真学习羌绣的学生

图9-64　认真向羌族传承人学习

## 第三节　民间工艺美术走向市场，创新成为必由之路

随着我国旅游事业的发展，旅游产品与服饰品的开发进程加快，如何开拓利用羌族服装与羌族刺绣，使之更好地融合于现代生活领域，市场创新势在必行。

我们曾经利用端午节赶到茂县参加羌族一年一度的“瓦尔俄足”节（女儿节），看到羌族妇女们华丽多彩的着装，其中包含着她们满怀激情地在服饰和刺绣上的创新精神与精湛绣工。不论是六七十岁的羌族老奶奶还是四五十岁的大妈、大嫂，都走出村寨，来到茂县县城的羌城广场和街边，一边刺绣，一边销售自己的作品（图9-65~图9-67）。

他们将目光转向现代人们的需求，创作出许多新的产品。例如刺绣的时尚小钱包，花色品种丰富，很受青年人的喜爱（图9-68）。

还有那绣花双肩包，让笔者想起一段往事：记得在多年前，笔者在汶川汽车站见一羌族男子背着绣有挑花的双肩包，美极了（当时只有大城市有卖牛仔类型的双肩包），这肯定是羌族妇女自己的创造。可惜那男子消失在人海中，我未能看清他那别出心裁的创造。这次见货摊上摆放着各种花色的双肩包，既实用，又美观时尚。有的绣有蓝色大牡丹，有的是小白花衬托的花鸟图案，还有仿挑花的款式（图9-69~图9-71）。

图9-65　在羌城广场刺绣的羌族妇女

图9-66　正在做锁绣的羌族老奶奶

图9-67　永和羌族妇女在刺绣

图9-68　受年轻人喜爱的小背包

图9-69　蓝色牡丹纹样双肩包

图9-70　花鸟纹双肩包

图9-71　仿挑花的双肩包

另一个品种是绣花拖鞋，色彩亮丽，对于现代都市人也非常重要，羌族妇女们创造了各式各样的拖鞋品种，穿在脚上也很舒服（图9-72、图9-73）。但未穿时就会感到绣花纹样太满，鞋内膛底也绣满了花，反而干扰了鞋面上的花纹（图9-74）。若膛底不绣花，可以根据鞋面花纹和色彩而将膛底色改为淡绿、粉红或各种灰色，既让拖鞋具有统一的色调，又使拖鞋的绣花量减少而降低成本。另外，还有给小孩准备的绣鞋，品种丰富、富丽堂皇。例如，红底是鞋面主色，拼上嫩黄色鞋面，再绣以鲜艳的羊角花，后根部配上云纹（图9-75）。有的是素色几何纹，在黑底上用缉针绣绣出棋格纹，中间是放射状的小花，显得素雅简洁（图9-76）。另外用五种色布做成的鞋底称为"千层底"，鞋面是牡丹纹和云云纹的绣鞋也特别惹人喜爱（图9-77）。

为了保护羌族服饰和刺绣，使其得到传承与发展，茂县文化局专门成立了尔玛文化发展有限公司。他们按羌族不同聚居区的服装款式设计了一批创新性的羌族礼仪服饰，表达了一定的创新意图，以三龙地区羌族妇女生活装为原型，在此基础上做了变化，保持了黑底绣花大包头和女装红长衫的特点，夸大了云肩的造型，并以黑色为底色绣上红色团花，绲黄边，突出了肩部挺拔的造型，成为服

图9-72　各式各样的羌绣拖鞋

图9-73　穿上脚的羌绣拖鞋效果更好　图9-74　羌族妇女做的绣花拖鞋　图9-75　羌绣童鞋

图9-76　几何纹样的绣花鞋

图9-77　称为“千层底”的绣花鞋

饰变化的中心点（图9–78）。另一套是以永和乡、渭门地区的羌族妇女日常服装为基础，包白色大圆盘头帕，并以带流苏的云肩为其特色，少女多缠红绑腿更显喜气，另着蓝色绣白花的腰带。经创新设计的服饰，突出了这几点，给人以新意（图9–79）。

图9–78　创新性的羌族服装

图9-79　以永和乡、渭门地区的羌族女性服饰为原型的设计

羌族人喜着背心，它是老年人和中青年妇女的重要服饰之一。但传统背心款式和主要纹样都大同小异，无法满足现代人的审美需求。羌绣传承人李兴秀设计了一款新式背心，很有现代感（图9-80）。主体纹样以传统的云纹为基础，以宝蓝色的直线和折线的云钩纹补绣在背心的前襟正中，并镶以红边，在黑底的衬托下显得艳丽无比。在中心纹样处，镶粗细两条白底花边，背心下摆两角用宝蓝色云纹与中心纹样呼应，使整个背心构图完整、色彩亮丽，直线的组合使纹样硬朗、挺拔，富有强烈的节奏感。

活跃在国际制鞋业的四川艾民皮鞋有限公司以制作高档女鞋为主，专门开发了行销欧美市场的“西米”（SHEME）品牌的绣花高档女鞋，很受市场欢迎。品牌宗旨是以中国传统文化及少数民族艺术与欧美精湛的皮鞋原料、手工制鞋工艺相结合为特色，将富有东方美学元素的产品展现在伦敦时装周和巴黎时装周，让具有中国特色的绣花鞋惊艳世界。例如“秋水”系列，以中国传统文化中对水的尊崇，诠释“智者爱水”“上善若水”“心静如水”等意念，水亦象征“聚财”之意。流动的或静止的看似无形的水，不管是水流、水花、水波、水浪，中国传统艺术中将其图案化、规则化后形成很美的纹样，具有很强的节奏感。又如以“海水江崖”纹样借用在绣鞋上，用盘金钉银，水晶亮片装饰，珠光宝气而使该款产品熠熠生辉，并作为中法建交50周年庆典时的礼品赠送给外宾（图9-81）。另一组产品是选择中国传统“四君子”梅兰竹菊为其设计主题，创作出的兰花有优雅、宁静之美（图9-82）。而另一组凤纹绣鞋得以被西方媒体纷纷报道（图9-83）。

羌族服饰刺绣近年来受到社会各方面广泛的关注和支持。前几年，由阿坝州政府、中国红十字会以及“李连杰壹基金会”联合成立了“阿坝州妇女羌绣就业帮扶中心”。启动了“羌绣帮扶计划”，秉承“授人以鱼不如授人以渔”的理念，取得了很好的成绩，在广大国内外设计师的支持下，设计出了既有羌族传统特色，又符合现代审美和生活需要的一系列设计，并被羌族妇女刺绣制作出成品（图9-84、图9-85）。这一帮扶计划促使大量羌族刺绣进入市场且满足了现代都市生活的需要，充分展现了羌族刺绣的绚丽风采。

羌族服饰刺绣不能脱离现代生活，要注入创新的“活水”，才能使它得到不断发扬、壮大，要把当代元素融入羌族服饰、羌族刺绣中，让它与时尚结合。只有创新才能给羌族服饰和羌族刺绣更为广阔的天地，才能有更加美好的明天！

图9-80　具有新意的羌绣背心

图9-81　“海水江崖”纹样绣鞋

图9-82　兰花绣鞋

图9-83　凤纹绣鞋

图9-84　符合现代审美和生活需要的羌绣品

图9-85　羌绣帮扶计划绣品店

# 参考文献

[1] 冉光荣，李绍明，周锡银. 羌族史[M]. 成都：四川民族出版社，1985.

[2] 张胜冰. 从远古文明中走来——西南氐羌民族审美观念[M]. 北京：中华书局，2007.

[3] 俄洛·扎嘎. 蜀西岷山——寻访华夏之根[M]. 成都：四川人民出版社，2002.

[4] 王明珂. 羌在汉藏之间[M]. 北京：中华书局，2008.

[5] 李绍明. 巴蜀民族史论集[M]. 成都：四川人民出版社，2004.

[6] 石硕. 藏彝走廊：历史与文化[M]. 成都：四川人民出版社，2005.

[7] 西南民族学院民族研究所. 羌族调查材料[G]. 1984.

[8] 汶川县委宣传部，汶川县文体局. 震前汶川100个经典记忆[M]. 北京：中国戏剧出版社，2008.

[9] 茂县羌族文学社. 西羌古唱经[G]. 2004.

[10]《羌族词典》编委会. 羌族词典[M]. 成都：巴蜀书社，2004.

[11] 缪良云. 中国衣经[M]. 上海：上海文艺出版社，2000.

[12] 段渝，邹一清. 三星堆文明——长江上游古代文明中心[M]. 成都：四川人民出版社，2006.

[13] 耿静. 羌乡情[M]. 成都：巴蜀书社，2006.

[14] 罗次冰，廖正芬. 羌族挑绣图案[M]. 成都：四川人民出版社，四川民族出版社，1980.

[15] 黄代华. 中国四川羌族装饰图案集[M]. 南宁：广西民族出版社，1992.

[16] 邓廷良. 炎黄子孙壹·氐羌颂卷[M]. 成都：四川人民出版社，1996.

[17] 梦非. 相约羌寨[M]. 成都：四川民族出版社，2002.

[18] 四川阿坝州茂县地方志编纂委员会办公室. 茂县羌族风情[G]. 2005.

[19] 周汛，高春明. 中国历代妇女妆饰[M]. 上海：三联书店（香港）有限公司，1988.

[20] 戴平. 中国民族服饰文化研究[M]. 上海：上海人民出版社，2000.

[21] 杨福泉，郑晓云. 火塘文化录[M]. 昆明：云南人民出版社，1991.

[22] 付亚莲. 公共消防安全视野下的民族大文化——云南氐羌族群的火崇拜现象解读[G/OL]. 2007.

[23] 赵曦，赵洋. 拍德直改——羌族古经中太阳神族群考释——兼论古蜀太阳神族与太阳神祭祀的蕴含[J]. 中华文化论坛，2009（3）：99-104.